"广东省规划院杯"四校毕业生城市设计竞赛

主编：漆平　赵炜

解城·融城·乐城
—— 广东省肇庆市宝月台塘片区旧城更新城市设计

2015

西南交通大学出版社
·成都·

图书在版编目（CIP）数据

解城·融城·乐城：广东省肇庆市宝月台塘片区旧城更新城市设计／漆平，赵炜主编. —成都：西南交通大学出版社，2015.9
ISBN 978-7-5643-4235-7

Ⅰ.①解… Ⅱ.①漆… ②赵… Ⅲ.①城市规划–建筑设计–作品集–中国–现代 Ⅳ.①TU984.2

中国版本图书馆 CIP 数据核字（2015）第 199200 号

解城·融城·乐城
——广东省肇庆市宝月台塘片区旧城更新城市设计
Jiecheng Rongcheng Lecheng
—Guangdong Sheng Zhaoqing Shi Baoyuetaitang Pianqu Jiucheng Gengxin Chengshi Sheji

主编　漆平　赵炜

责任编辑	杨　勇
封面设计	漆　平
出版发行	西南交通大学出版社 （四川省成都市金牛区交大路 146 号）
发行部电话	028-87600564　028-87600533
邮政编码	610031
网　　址	http://www.xnjdcbs.com
印　　刷	四川省印刷制版中心有限公司
成品尺寸	250 mm×250 mm
印　　张	11
字　　数	205 千
版　　次	2015 年 9 月第 1 版
印　　次	2015 年 9 月第 1 次
书　　号	ISBN 978-7-5643-4235-7
定　　价	60.00 元

图书如有印装质量问题　本社负责退换
版权所有　盗版必究　举报电话：028-87600562

编委会

编委会主任　张少康
编委会副主任　漆　平
　　　　　　　马向明
　　　　　　　温春阳
编委（按姓名拼音排序）
　　　　　　　陈　桔　　崔　珩
　　　　　　　龚兆先　　骆尔提
　　　　　　　沈中伟　　宋立新
　　　　　　　赵　炜　　赵　阳
　　　　　　　周志仪

策　划　漆　平

序 言

在实现"四个全面"战略布局的美好愿景下，在推进"大众创业、万众创新"的时代要求下，当今的年轻一代，特别是青年大学生们责无旁贷地成为勾勒中华民族伟大复兴"中国梦"宏伟蓝图主力军中的重要成员。因此，广东省城乡规划设计研究院（以下简称"省规划院"）联合高校开展毕业设计竞赛活动具有重要的现实意义。

院校联合毕业设计竞赛活动是省规划院创新技术交流形式，增进学术交流、支持学术研究、促进校企合作的重要工作，已逐步成为一项特色品牌活动。2014年第一届"省规划院杯"四校联合毕业生城市设计竞赛的成功举办，得到参赛院校师生的高度认可和一致好评，收到良好的社会反响。

今年，省规划院继续赞助支持"广州大学""南昌大学""西南交通大学"和"昆明理工大学"四所高校，选取"广东省肇庆市宝月台塘片区旧城更新城市设计"为题目，组织开展了第二届"省规划院杯"联合毕业设计竞赛。本次竞赛历时四个月，经历了竞赛启动、现状调研、初期方案汇报、中期方案汇报和成果答辩及评奖五个阶段，并于今日编纂出版此成果作品集。

在本次联合毕业设计竞赛活动中，老师们悉心指导、求真务实的严谨治学态度，同学们追求卓越、勇于创新的学术研究精神给我们留下了深刻的印象。我们高兴地看到：参赛同学们表现出勤勉踏实的作风，提交了一份份优秀的设计作品；我们高兴地看到：参赛同学们在联合毕业设计过程中自身综合素质和各方面能力的展示，也正是团结协作、共同努力的团队精神，互相尊重、彼此包容的思想品质，才成就了如此精美优秀的设计成果。

本次联合毕业设计竞赛活动的成功举办，设计成果作品集的成功出版，与省规划院和四所高校各方领导的高度重视、各位专家和老师们的悉心指导以及参赛同学们的积极参与和辛勤努力密不可分。成绩值得肯定，希望成就梦想。未来，省规划院将一如既往地支持高校毕业设计工作，也将充分发挥省规划院在市场活动及创作实践中的优势，进一步推进与四所高校在人才培养、技术交流等领域的合作共赢。

祝贺第二届"省规划院杯"四校联合毕业设计竞赛成果作品集成功出版，希望该作品集能在城市规划学科教学与发展中得以应用。向各位专家和老师的辛勤付出致以敬意和感谢，也祝愿同学们在未来的人生道路上脚踏实地、砥砺奋进，不断提高自身的思想和专业素养，以所学之知识，付诸实际行动，奉献祖国、服务社会。

广东省城乡规划设计研究院院长

前 言

当想把一件事做好的时候，就注定踏上了快乐而虐心的旅途。

联合毕业设计在今天已在国内多所高校中展开，其对教学改革的积极意义、对教学水平的提高所达到的效果不言而喻。在迈入第三年的时候，该如何进一步提升教学效果是我们共同思考的问题。寻找特色并不是我们的目标，如何培养适合社会发展需要的规划人才，如何把理论与实践相结合，如何在毕业设计与实际工作之间架起桥梁，才是我们思考的起点。

我们深知，学校不是学生的终点，社会才是他们未来施展才华的舞台。与广东省城乡规划设计研究院的合作，对于架设课堂与社会的桥梁无疑是极好的契机。广东省城乡规划设计研究院出于对规划教育事业的关怀，做出了无私的贡献。此次合作，广东省城乡规划设计研究院一如既往地给予了全方位的支持。为毕业设计提供了切合当前城市发展热点问题的课题，为课题的顺利开展解决了后顾之忧，更难能可贵的是，他们派出了院领导、总工程师和富有经验的规划师，通过学术讲座、现场调研、课程指导和奖项评审的方式，全程给予了悉心的指导和帮助，对顺利完成教学工作和提高教学水准提供了有力的保证。

如何带领毕业班做出一个"有温度"的规划，是我们今年思考的主题。所谓规划，不应当是冷漠的空间布置，不应当是缺乏人文关怀的指标，不应当是回避社会问题的空中楼阁。规划应当是充满温情的城市空间，应当是人本思想的回归，应当是社会和谐的助推器。

基于这样的思考，我们在调研中要求学生更多地关注人的日常生活，关注人群需求，并以此为依据对城市空间进行研究。在调研汇报环节，我们要求学生以小品表演和汇报文件相结合的方式进行汇报。同学们通过细心的观察，在小品表演中生动地表现了他们对生活的认知，并在成果中有所体现。

倾听社会各方面的诉求，协调社会各方面的利益，是一个规划师应当具备的职业素质，这是我们今年教学中关注的另一个重点。我们要求学生放弃个人喜好，将理想与现实相结合，学会站在不同的角度思考问题。在中期成果汇报中，点评方案的工作主要由学生担任，学生扮演专家组、政府组、市民组对方案进行点评，学生需站在扮演角色的立场对方案进行判断。这样的训练使得学生思考问题的角度多样化，对问题的理解更加深入。

结合教学中存在的问题，不断研究教学思路的调整、研究社会热点问题、研究生动有趣的教学方式，将是我们一直努力的方向。

第三年的联合毕业设计在广东省城乡规划设计院和四校师生的共同努力下圆满落幕了，其成果有待读者的检阅。我们享受这个过程，我们为同学们取得的进步而感到欢欣，我们留下了一段美好的回忆。

感谢广东省城乡规划设计研究院！感谢四校全体师生！

广州大学建筑与城市规划学院

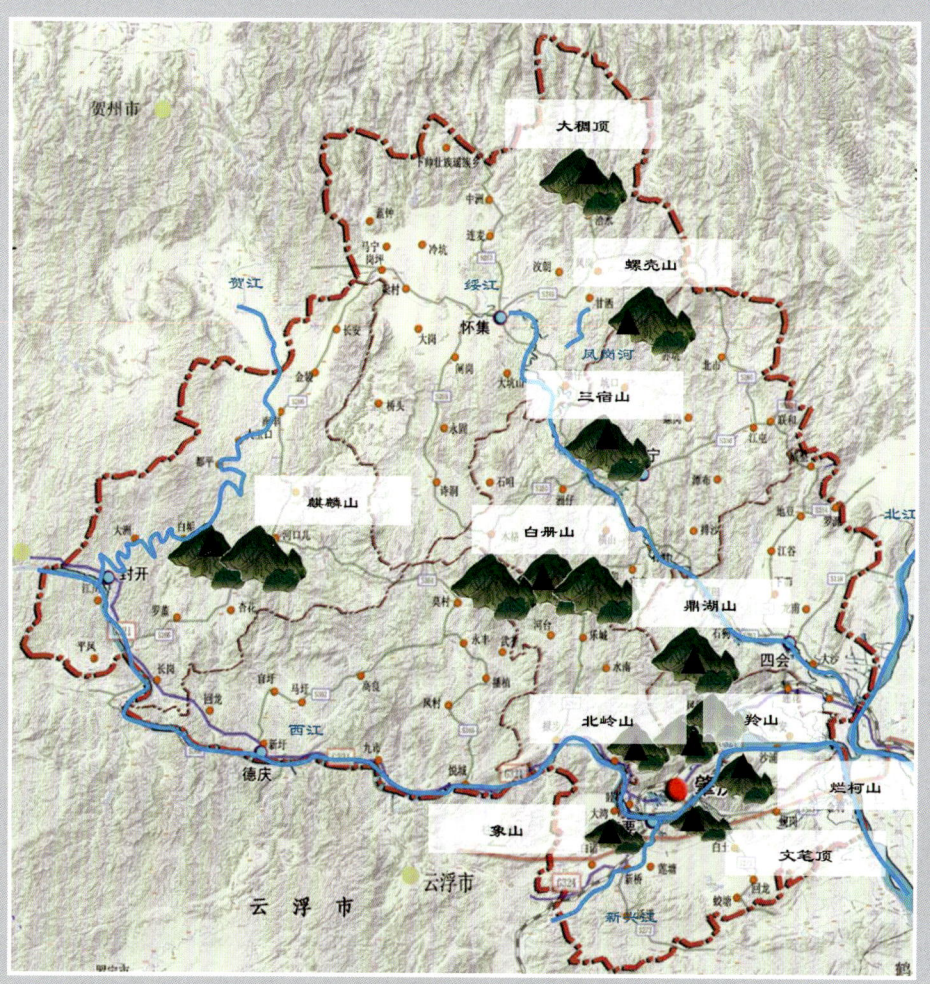

肇庆市城市山水格局

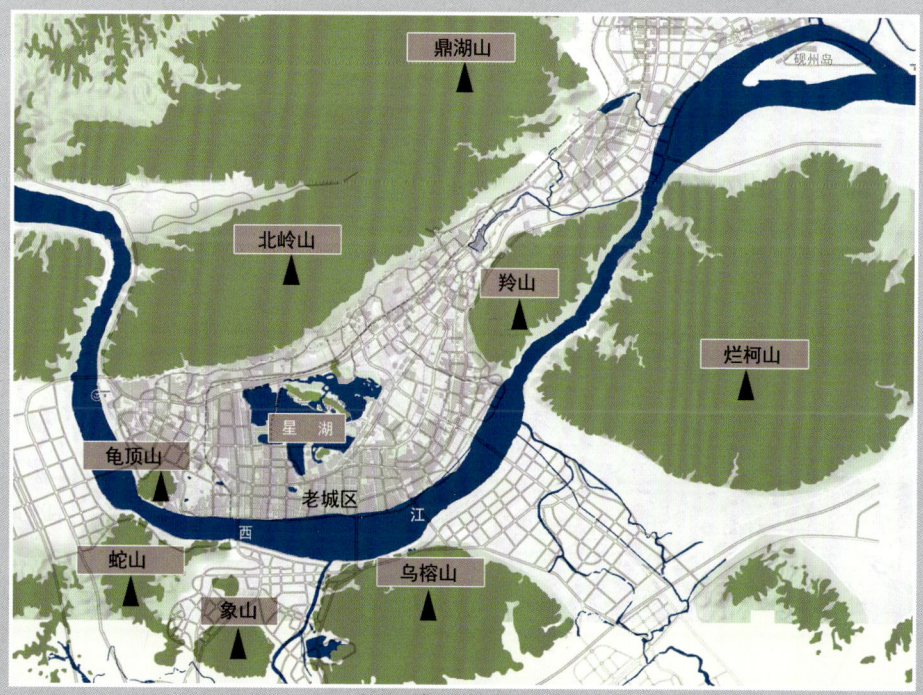

山湖城江整体格局

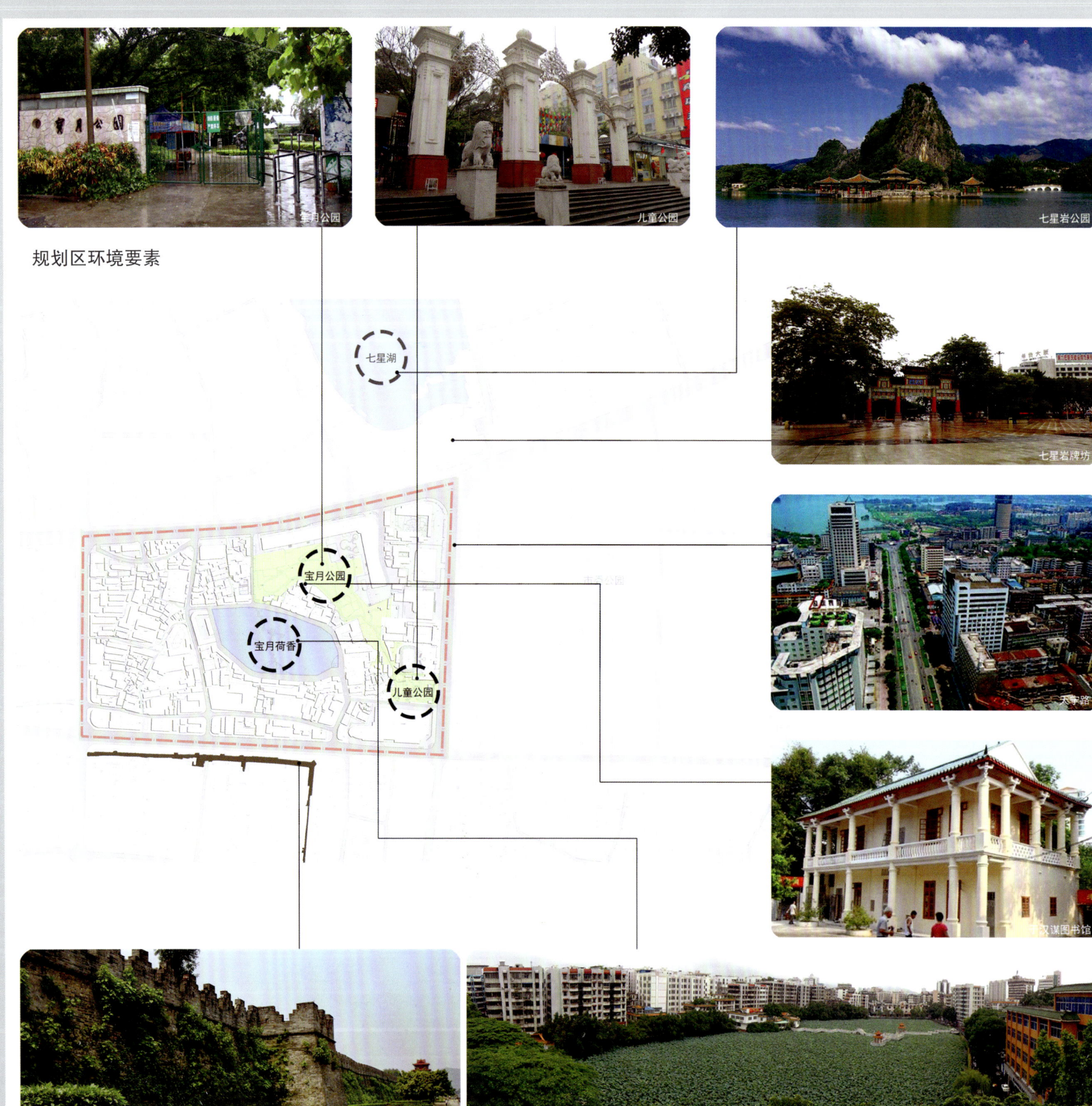

规划区环境要素

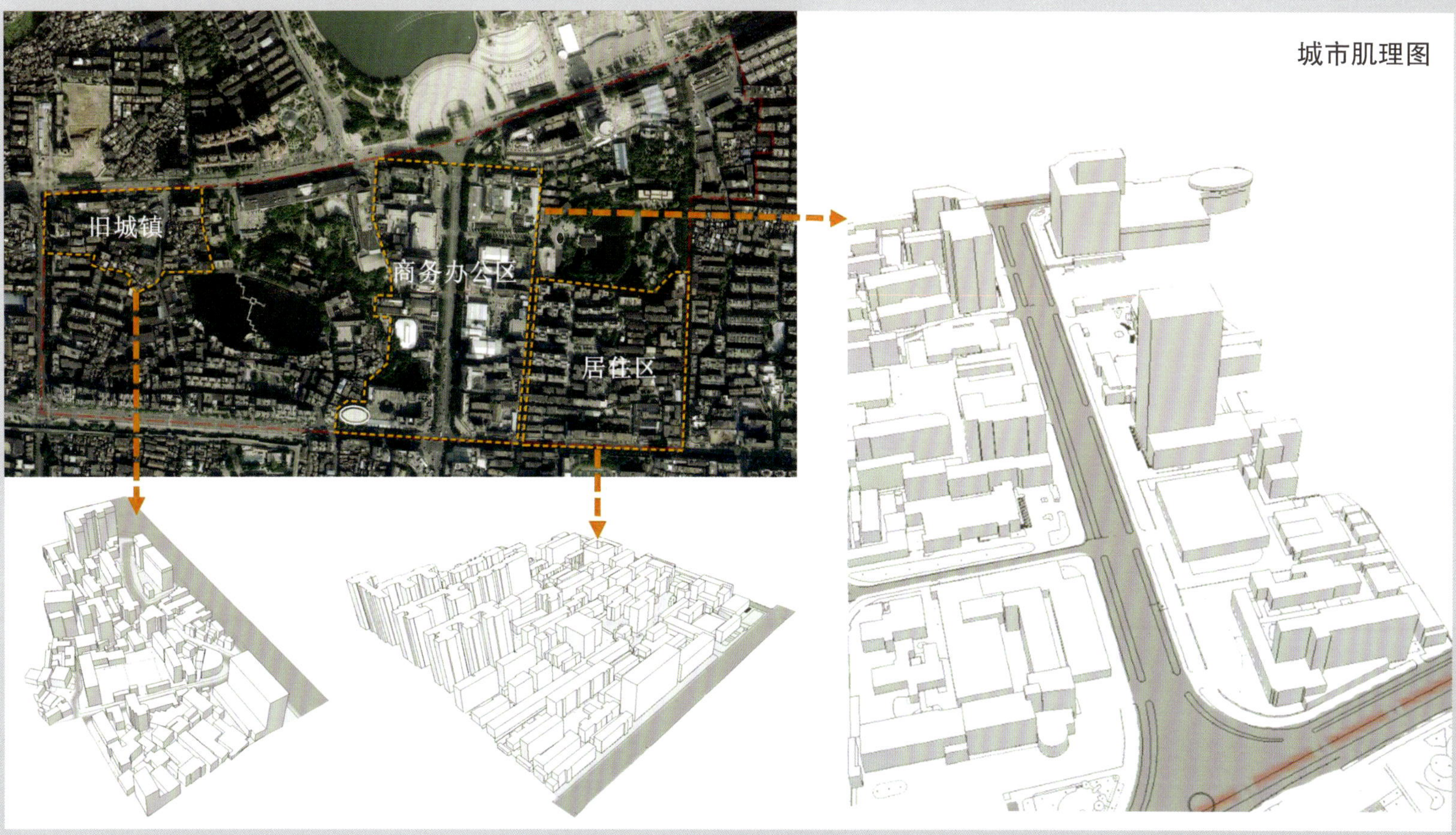

城市肌理图

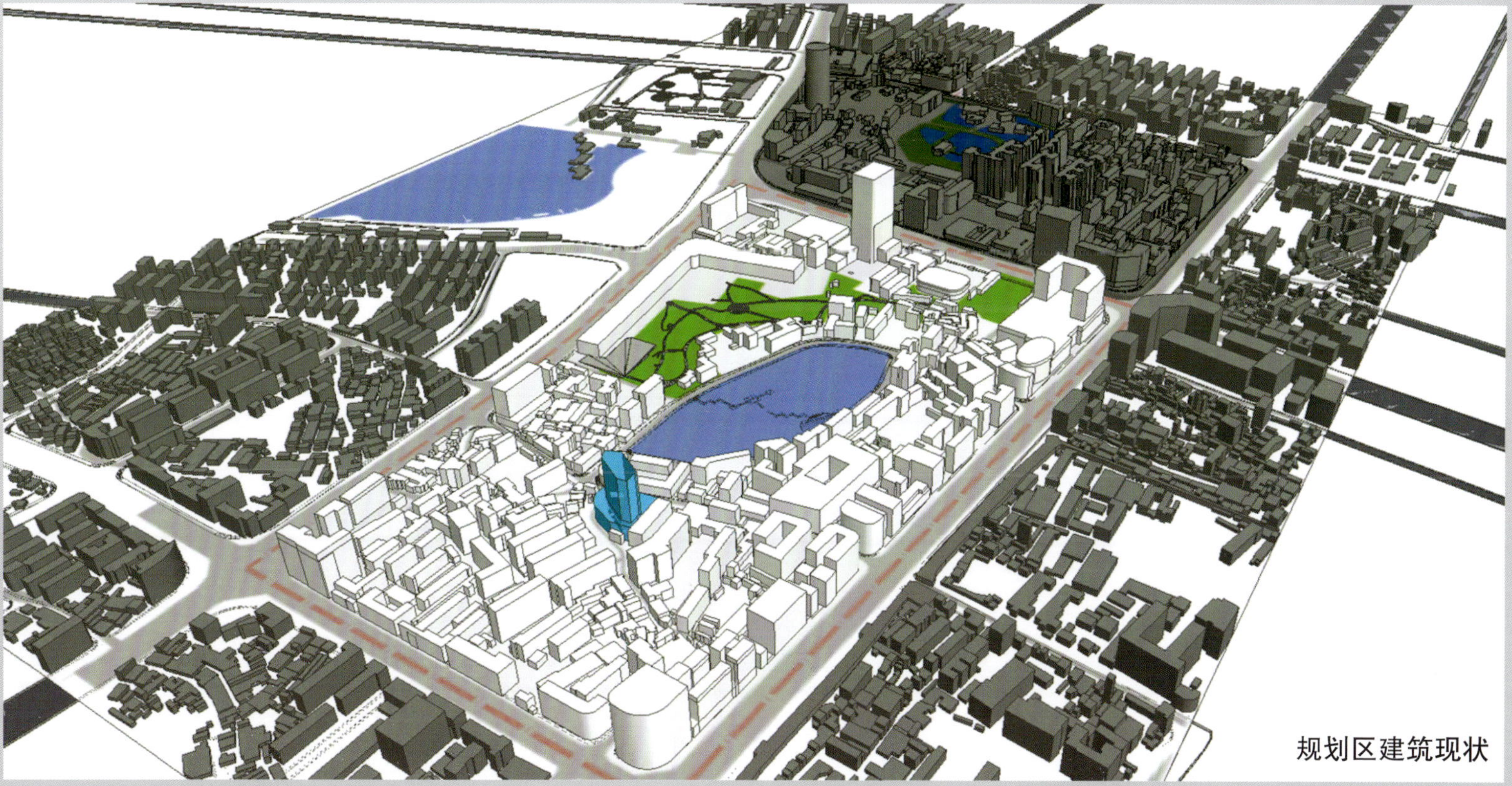

旧城镇
商务办公区
居住区

规划区建筑现状

解题 ——广东省城乡规划设计研究院

肇庆市位于广东省中西部，属珠江三角洲西北部城市，东连佛山，南接云浮，西至广西梧州及贺州，北靠清远，是沿海发达地区通往西南各省的重要交通枢纽。

肇庆是国家级历史文化名城，文化底蕴深厚，岭南气息浓郁，乃岭南文化、广府文化的发祥地之一。同时，肇庆也是中国优秀旅游城市、国家园林城市、国家卫生城市和国家环境保护模范城市。

肇庆古称端州，在先秦是岭南经济文化最发达的地区之一，是中国四大名砚之首端砚的产地。肇庆之名的由来，全因宋徽宗，端王登上皇帝宝座，亲笔御书"肇庆府"三字，肇庆之名至今沿用。珠江主干流——西江穿肇庆而过，北回归线横贯其中，使得肇庆成为岭南及广府文化之源，西江流域的政治经济中心，有传承古今"中国砚都"之美誉。1584年9月，意大利传教士利玛窦进入肇庆，建立第一个传教驻点，肇庆成为中国传统文明与西方文明交汇较早的地区。此外，肇庆也是南方宋文化集聚之城，其保存完好的古城墙始建于宋政和三年（1113年），周长2 800米，为国家级文物保护单位；肇庆城墙历尽沧桑并经过20余次修葺，城墙和城门位置始终未改，城墙体上有宋、元、明、清、民国历代的青砖。

肇庆市地势西北高，南部和东部较低，以中低丘为主，山地是肇庆占地面积最大的一种地形。因此，肇庆市有着独特秀美的山水风光，城市布局背山面江，整体呈现"三江连九城，六岸绕青山"的山水格局。

在肇庆市主城区的山水格局中，体现了"山—湖—城—江"的显著特点。依照风水观念最佳城址理念分析，北岭山为主山，往南以此为星湖和主城区，最终西江横贯其中。西江南岸高要区的云开大山、云雾山、天露山与古城遥遥相望，为朝山。西江由古城西侧绕至南侧再由东侧而过，向东南南海而去。东边的烂柯山和羚羊山，西边的龟顶山和高要蛇山，分别为东西护山。西江南岸是乌榕山，为案山。

端州区是肇庆城区所在，大量的城市建设使山水空间特色日渐减弱。环星湖现已规划建设有绿道，但公共空间仍显不足。沿湖高层建筑过度开发，板式高层沿湖而建占据一线湖景，对沿湖的天际线产生不和谐要素，对星湖景观造成破坏。江边城市空间与滨水公共空间质量不高。北岭作为肇庆市的城市背景，沿山麓的高密度房地产开发对山体景观造成负面影响。

本次城市设计项目位于肇庆市端州旧城宝月台塘片区，为天宁北路、端州五路、宋城一路、人民北路所围合的区域，用地面积约38公顷。规划区北临星湖风景名胜区，南接宋城核心地段，是肇庆市主城区"山—湖—城—江"城市格局中"湖"和"城"的重要连接地带。

但是，规划区在20世纪50年代后，进入了城市拓展阶段，扮演着先导和中心的角色。在宋城向外拓展的60-70年代，规划区属于城市拓展的主要地区。随着城市规模的不断扩大，规划区相对于外围拓展区又扮演着城市中心的角色。因此，规划区是肇庆近几十年城市变迁的重要缩影，具有不同于其他片区的独特价值。

在上述城市变迁过程中，规划区南邻宋城路及天宁路传统商业中心，北接星湖及端州路新兴商业中心的区位特点，使其逐步成为端州旧城传统与新兴商业中心的缝合区。在城市变迁中扮演着提升传统商业中心、助推新兴商业中心发展的作用，具有缝合两大商业空间，提升旧城整体商业繁荣的空间价值。

宝月台塘片区更是肇庆城市变迁的缩影，主要体现在街巷尺度、建筑风格等居民可感知的物质层面及宝月公园周边设施体验空间中。而这些特质共同构成了居民感受肇庆舒适悠闲宜居生活氛围，展现出了肇庆特有的生活基调的重要物质与空间载体，成为印证城市发展与变迁的独特记忆。

通过本次联合毕业设计竞赛，我们希望学生们能从"解城、融城、乐城"的角度对规划区进行详细城市设计。解城是我们规划师与城市的关系；融城是城市空间之间的关系；乐城则是居民与城市的关系：我们应从这些关系中找到宝月台塘片区发展滞后的原因与提升的动力。

或许，我们未来的规划师们在规划中需要重点考虑下面的问题：

- 如何提升交通水平完善路网？
- 如何塑造更有魅力的天际线？
- 如何选择并打造城市景观节点？
- 如何延续旧城的传统韵味？
- 如何挖掘提升内部优质要素的潜力？

宋城墙矗立九百年，周长两千八百米，墙角的树木已经发出新绿，城墙根儿的民宅老旧而又秩序井然。

端州城区

在阅江楼旁小街里的骑楼可以呼吸到端州的老味道。

广东省四大名楼之一的阅江楼，又名嵩台书院。

车水马龙的肇庆街头，天宁北路与宋城一路交叉路口总是繁华、喧嚣，有时也伴随拥堵。

宝月湖位于市中心，闹中取静，难得的安逸之所；"宝月荷塘"乃肇庆十景之一。

宝月公园，临宝月湖，相得益彰。

800平方米的主题公园依托宝月儿童公园而建；天主教堂虽小，但也是精神之所；湖畔的宝月路、荷香街总是绿树成荫。

宝月湖畔的房屋虽然老旧，但却充满琴棋书画的灵动之气。

基地内文教卫生设施较为集中，菜店、小食店都经济实惠，街坊邻里相识相熟。

基地现场

第一站：2015年3月12日至3月15日　　广州·广州大学

广州大学

西南交通大学

南昌大学

昆明理工大学

3.13　"广东省规划院杯" 2015年度四校联合毕业设计
　　　在广州大学举行开营仪式。

　　　四校师生参观广东省规划院，张少康院长做精彩发言；
　　　戴明所长介绍课题基本情况。

　　　四校师生自由参观广州历史文化街区。

　　　广州大学理工教学北楼举办学术讲座：
　　　　《旧城更新的困境与探索——以宁波市旧住区更新为例》
　　　　　　　　　　　　　　　　　　　西南交通大学赵炜教授
　　　　《城市设计——从理想到实践》广东省规划院宋立新所长

3.14　四校师生出发前往肇庆进行现场调研。

四校联合毕业设计　广东省肇庆市宝月台塘片区旧城更新城市设计

漆平老师主持开营仪式

张少康院长做精彩发言

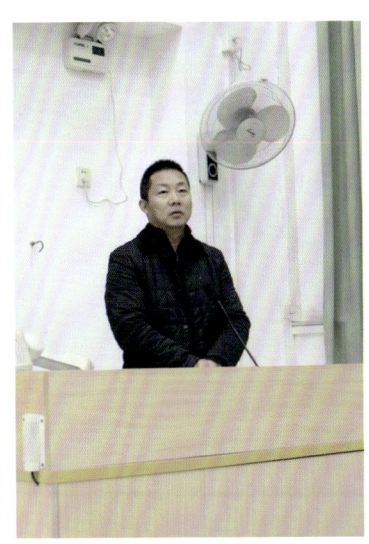
宋立新所长做学术讲座

赵炜教授做学术讲座

西南交通大学
杜一同　李想　刘健健
付聪聪　于思远　次仁措姆
吴丹萍　曾丽平　张运崇

昆明理工大学
白丹　吕柯芸
李丽萍　李晓娥　易沁

南昌大学
毛梦维　文婷　莫俊超
陈陆洋　黎鸿　冉小刚

广州大学
肖韵霖　王婷楠　江志翔　林友鸿
林清辉　秦爽　李佩怡

西南交通大学建筑学院前的全体合影

建筑楼中庭 中期汇报现场

4.2　全体师生到达成都，当天自由参观。

4.3　西南交通大学犀浦校区建筑学院做调研工作和初步方案汇报；
　　　犀浦校区阶梯教室举办学术讲座：
　　《社区视角的公共空间——挑战与未来》广东省规划院　宋立新所长
　　《谈谈保守主义》广州大学　骆尔提副教授

4.4　四校师生参观成都平乐镇。

4.5　全体师生返校。

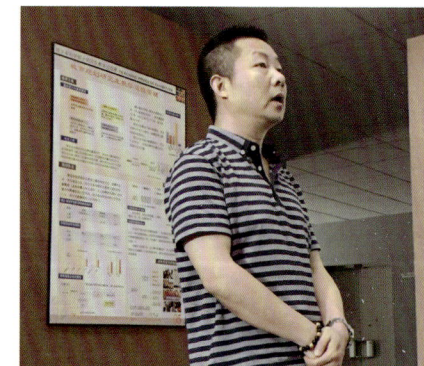
宋立新所长学术讲座

骆尔提老师学术讲座

第二站：2015年4月2日至4月5日　成都·西南交通大学

四校联合毕业设计
广东省肇庆市宝月台塘片区旧城更新城市设计

中期汇报 学生情景表演

广东省规划院专家点评

汇报结束后的师生交流

成都平乐古镇参观学习

第三站：2015年5月7日至5月9日　　南昌·南昌大学

四校师生在南昌大学建工楼中庭合影

5.7　四校师生报道。

5.8　南昌大学建工楼中庭中期成果汇报；学生分别扮演专家组、市民组进行方案点评；
　　建工楼学术报告厅举办客座教授受聘仪式；
　　学术讲座：
　　《城市设计的趋势与误区》广东省规划院
　　温春阳副院长
　　《关西·东京城市思考》昆明理工大学
　　陈桔老师

5.9　四校师生集体参观安义古村落。

建工楼中庭

四校联合毕业设计
广东省肇庆市宝月台塘片区旧城更新城市设计

学生角色扮演进行方案点评

建工楼中庭·中期汇报

建工楼中庭·中期汇报

专家点评

客座教授受聘仪式

安义古村落参观学习

安义古村外围的山水田园

终点站：2015年6月11日至6月13日 昆明理工大学·毕业设计答辩

答辩小组 ▼

马向明 总工程师　魏剑丹 二所副所长　李睿 工程师　漆平 广州大学　骆尔提 广州大学　赵炜 西南交通大学　陈桔 昆明理工大学　周志仪 南昌大学

评奖小组 ▼

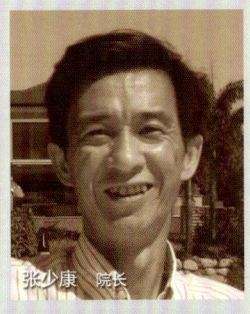       

张少康 院长　王如荔 副院长　马向明 总工程师　熊晓冬 副总规划师　张润朋 肇庆规划局总工　宋立新 二所所长　邹伟勇 二所副所长　杨嘉 三所技术总监

6.6　联合毕业设计布展，各校提交全部成果。

6.11　四校师生报道。

6.12　联合毕业设计在昆明理工大学建筑楼正式答辩；
　　　举办客座教授授聘仪式；
　　　学术讲座：
　　　《大数据在区域规划中的运用》广东省规划院　马向明总工程师
　　　《当城市迈向高富帅，what would you do?》广州大学　漆平
　　　广东省规划院与肇庆市城乡规划局成立独立评选小组，在规划院评奖；
　　　在昆明理工大学举行颁奖仪式，共设一等奖一组、二等奖两组、三等奖两组；

　　　2015年四校联合毕业设计暨"广东省规划院杯"设计竞赛圆满落幕。

6.13　四校师生参观昆明乐居村。

　　　期待2016年联合毕业设计······

四校联合毕业设计
广东省肇庆市宝月台塘片区旧城更新城市设计

广东省规划院评奖现场

乐居村参观

翟院长向马向明总工程师颁发客座教授聘书

毕业答辩现场

毕业设计竞赛颁奖现场

答辩结束后的轻松自拍

颁奖仪式结束,全家福

目 录

广州大学
GUANGZHOU UNIVERSITY
1–21

西南交通大学
SOUTHWEST JIAOTONG UNIVERSITY
22–53

昆明理工大学
KUNMING UNIVERSITY OF SCIENCE AND TECHNOLOGY
54–75

南昌大学
NANCHANG UNIVERSITY
76–97

教师感言
99

后记
105

肖韵霖　城市规划

如果拿设计成果来评价大学最后一个阶段，那么它是不完美的，我们还有很多提升的空间，我们还有很多的遗憾。但如果拿这次四校联合毕业设计的经历来作为大学最后的章节，它比我的预期要好太多，非常庆幸自己能够选择这个竞赛，它并不仅仅是几个团队之间的简单竞争，而是真正地参与到竞赛的每个环节里面，当中有很多有趣的环节，包括调研，包括在汇报中饰演不同的角色等等，而且可以去不同的城市游览并体验当地的校园生活，感受不同文化背景碰撞出的火花，结识来自五湖四海的朋友，并结下深厚的友谊。在过程中慢慢觉得比赛结果已经没那么重要，交流和成长才是当中最大的收获。

当然这些收获都离不开各位老师和省院的领导，在此衷心感谢他们的支持与指导，在当中真的学到很多知识，并且对这个行业的各方面也有了新的认识与感知，谢谢他们让我们的大学生活留下完满的篇章。

王婷楠　城市规划

我很荣幸有机会参加这次联合毕业设计城市设计竞赛，不仅让我体验到一次次四校交流的思维开拓，也让我结交了一帮五湖四海的朋友。每到一座城市，去参赛学校做方案汇报，非常幸运的有来自其他学校的老师以及广东省规划设计研究院的领导为我们指导方案，体会到不一样的视角，不一样的解决设计问题的方式，获益良多。

在没有做毕业设计以前觉得毕业设计只是对这几年来所学知识的单纯总结，但是通过这次毕业设计使我明白了自己原来知识还比较欠缺，自己要学习的东西还太多，方案一度难以展开设计。有幸的是，我有一个好的团队，组员之间关系和睦，相互帮助，相互促进，各自发挥自己的长处，弥补了对方的不足，使我们能够高效地讨论与设计方案，所以在这里非常感谢帮助我的组员们。

在此要感谢我的指导老师漆平对我悉心的指导，感谢老师给我的帮助。

江志翔　城市规划

短短的3个月，就这样过去的。

是的，自己求学路上的最后一个设计，就要结束了。虽然伤感，但我也是幸运的。因为我能在最后一次设计中，得到最好的老师的指导，和最好的朋友、同学一起去做一个题目，并最终完成一个我们都满意的成果。还有什么句号会比这更完美呢？

四校联合毕设是我大学五年一次难忘的经历。在这次活动当中，不仅有思维的碰撞、才智的比拼，而且更有同行的交流、同辈的交情。西交的严谨、南大的热情、昆工的细腻，无一不令我印象深刻。

还要感谢各位老师和领导前辈的支持与陪伴，特别是省院的领导们，在每站的比赛中为我们的方案都给予点评与鼓励，使我受益匪浅。

如果说，往后，我能为这一系列的联合毕设作什么贡献的话，我会毫无保留地把自己这次参赛的感受和师弟师妹们分享，并极力建议他们下年参加这次活动当中。

林友鸿　城市规划

首先，我很荣幸也很开心能成为广州大学1组的其中一员，与3位优秀勤奋的组员一起并肩奋斗通过与各校老师和广东省规划院领导的交流，提高了自己对城市设计的认识和理解，激励了我不断求知探索的信念和决心。其次，在严肃而又活泼的氛围之中，我们一起完成了基地调研、4个学校之间的走访汇报等一系列紧张而有意义的工作，经过这几个月时间的努力，我们的毕业设计也进入了最后的收尾工作。回想整个过程，感受颇深。我们在这一系列活动中不仅进一步增进了小组内部的友谊和默契，同时也通过设计方案的思维碰撞结交了许多新朋友，开阔了眼界。最后，毕业设计是对我们整个大学时期学习成果的检验，通过本次设计，我更加深刻地认识到自己对于设计的长处以及不足，这使我能在吸取别人的优点的过程中不断鞭策自己前行，更为以后的学习和工作指明了道路。

林清辉　城市规划

很幸运参加了四校联合毕业设计竞赛。就这样结束了，意犹未尽，非常感谢骆老师自始至终对我们的支持、指导，还要感谢的是我两个组员，从开始因为专业背景不同的原因前期合作产生了一定的困难，但通过相互学习、相互监督、相互包容，最终完成了一个独特有趣的方案。这次四校联赛中，认识了很多的朋友，有可爱帅气的昆工、西交大、南大的同学，认识你们真的很开心，希望以后还能有机会一起玩耍一起学习。

最后还是要非常感谢骆老师，对我们组悉心地教导，最后的成果虽然不尽如人意，但还是感谢老师对我们的付出。最后，我很荣幸参加了这个竞赛，因为学到了很多的知识，也认识了一群难忘的朋友。

秦爽　建筑学

建筑与规划不同的思维方式的转换，带来新的思考与体验。事物有很多的可能性，这次的设计让我学会更多地关注推导的过程。设计的核心意义应该是解决问题，在毕业设计过程中对于问题的探讨是个必要而有趣的过程。引导我在以后的设计中做有心的建筑，从问题的本源出发。

从更宏观的角度看问题，带给人全新的感受，忽略形式，以更主人翁的视角看社会及历史的发展，考虑时间、行为等不定因素对既有设计的影响是一种新的思维模式。

广州大学
GUANGZHOU UNIVERSITY

李佩怡　建筑学

通过这个四校联合毕业设计，我学到了很多，认识了很多的人，去了很多的地方。既是旅行，又是学习，受益匪浅。每个学校都有其特色，从不同的视角，不同的切入点，得到不同的方案。每次汇报都是一次次与各校老师和同学的思维碰撞，十分有趣。我和秦爽都是第一次接触城市设计。城市设计跟我们以往做建筑设计的方法不同，需要非常严谨、深入、全面的分析。刚开始做这个方案，切入点没有找好，因此我们做了很多东西，却都不在道上。后来通过指导老师的循循善诱，选择了合理分析手段和文本框架，才一步步走出迷茫。最后得到的这个成果，的确来之不易！

这个毕业设计对我们来说不单只是一个毕业设计，更加是一次挑战，一次难得的体验，很深刻的回忆。

肇庆市端州区旧城历史文化核心区更新城市设计

指导教师：漆平
小组成员：江志翔 肖韵霖 王婷楠 林友鸿
学校：广州大学

端州里 DUANZHOU LANE

设计思路 Logic Design

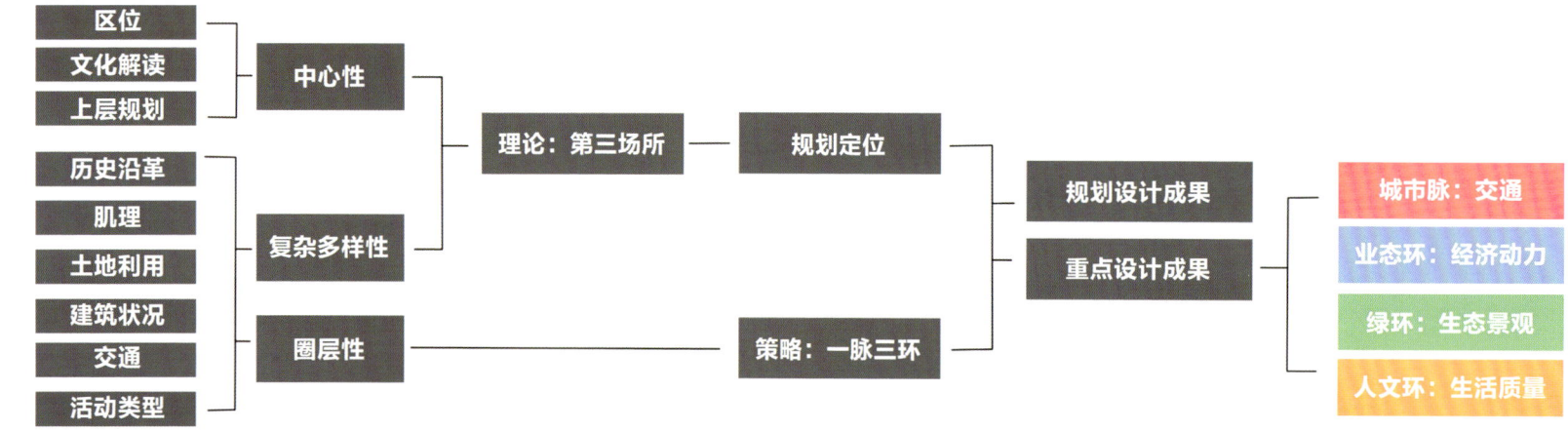

背景研究 Background Research

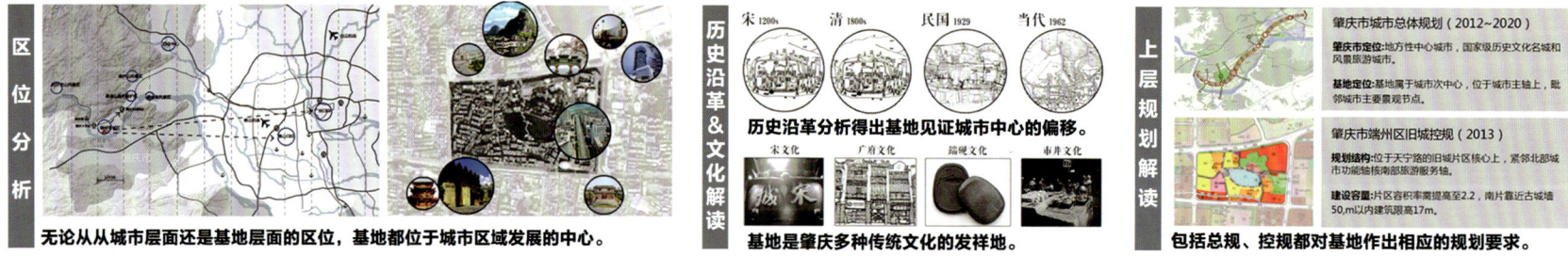

区位分析：无论从从城市层面还是基地层面的区位，基地都位于城市区域发展的中心。

历史沿革&文化解读：历史沿革分析得出基地见证城市中心的偏移。基地是肇庆多种传统文化的发祥地。

上层规划解读：包括总规、控规都对基地作出相应的规划要求。

现状解读 Current Situation Explanation

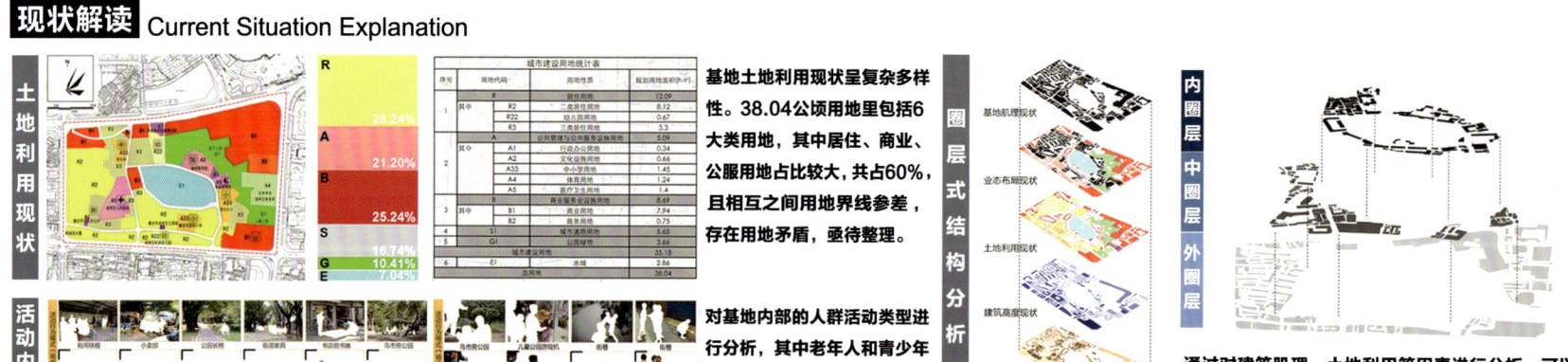

基地土地利用现状呈复杂多样性。38.04公顷用地里包括6大类用地，其中居住、商业、公服用地占比较大，共占60%，且相互之间用地界线参差，存在用地矛盾，亟待整理。

对基地内部的人群活动类型进行分析，其中老年人和青少年是分析研究的重点。

通过对建筑肌理、土地利用等因素进行分析，可以得出基地呈以宝月湖为中心的"圈层式"结构。

问题总结 Summary of Present Issues

用地 LAND USE

用地性质存在差异性和多样性，居住、商业、公服占比平均且占基地总面积比例较大。

各类用地界线参差不齐，存在用地矛盾，有待整理。

交通 TRANSPORT

动态交通方面，基地路网不均、主干道开口不合理、高峰期过长、步行系统不连续等问题。

静态交通方面，基地缺乏足够的停车设施，停车占据公共空间。

公共空间 PUBLIC SPACE

公共休闲空间数量多，但较为封闭，空间类型单一，不能承载多种活动，可达性差。

公共空间设计存在不合理的现象，宝月湖沿岸空间单一。

文化元素 CULTURE

基地物质文化要素丰富，如天主堂等，但都未能适应市民活动的要求。

基地现状对非物质文化要素的保育缺失，方案需进一步注入活力。

空间环境 ENVIRONMENT

基地与城市外界缺乏必要的空间联系，人居环境较差。

基地生态环境差，宝月湖水质和景观环境恶劣，方案需进一步优化基地生态环境。

理论研究 Theory Research

第三场所

是由奥登伯格在其著作"The great good place"中所提出的，有别于第一场所——居住和第二场所——工作的生活空间。

第三场所是社区生活及促进和培育邻里关系的重要因素。它对社会结构形成、民主组织产生、地域归属感的建立起重要作用。

公共活动空间

公共建筑

城市区域中心

拥这三大特征的基地可称为肇庆市的**第三场所**

原理导引 Theory Guide

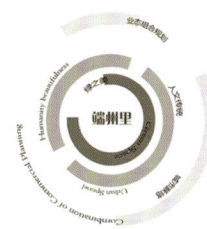

人与城——高效和多维的交通脉络将基地融入时代前沿的步伐

人与业——服务不同人群的各圈层的业态将创造宜商的城市活动第三场所

人与绿——自适应的环境格局将创造一个宜游的生态活动第三场所

人与人——多种休闲的场所空间将创造一个宜居的社区活动第三场所

规划定位 Planning Position

保留历史遗存　适应旅游需要　改善生活环境

规划形成以宝月湖和宝月公园为城市级公共空间核心，西住东商结合社区级公共空间的**宜居、宜商、宜游**的肇庆市**第三场所**。

规划策略 Planning Strategy

根据提出的"第三场所"理论与规划定位，结合在现状分析中得出的"圈层性"特征，方案提出了"一脉三环"的规划策略：

一脉三环

- 城市脉
- 业态环
- 绿环
- 人文环

城市脉　疏通脉络增强与城市的联系

业态环　提供经济动力梳理地区形象

绿环　修复生态问题优化整体环境

人文环　自我循环完善内部居住环境

规划结构 Planning Structure

置入新城市轴线，结合内部人文轴线等要素，叠加生成"一心四核，两轴三片"的规划结构。

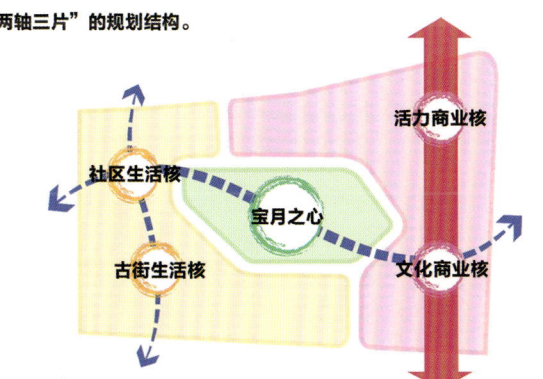

活力商业核　社区生活核　宝月之心　古街生活核　文化商业核

图例：
- 城市轴线
- 人文轴线
- 文化·商业片区
- 生态·景观片区
- 生活·休闲片区

规划成果 General Planning

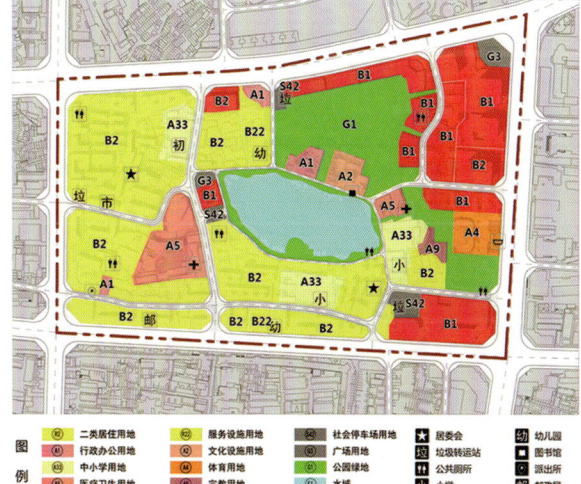

土地利用规划图

土地利用规划用地平衡表

类别代码		类别名称	用地面积（公顷）	占总用地（%）
R2		二类居住用地	10.96	28.81%
A		公共管理与公共服务设施用地	4.52	11.88%
其中	A1	行政办公用地	0.41	1.08%
	A2	文化设施用地	0.38	1.00%
	A33	中小学用地	8.82	23.18%
	A4	体育用地	0.58	1.52%
城市建设用地	A5	医疗卫生用地	1.40	3.68%
	A9	宗教用地	0.16	0.42%
B		商业服务业设施用地	5.91	15.54%
S		道路与交通设施用地	7.99	21.00%
其中	S1	城市道路用地	7.65	20.11%
	S42	社会停车场用地	0.34	0.89%
G		绿地与广场用地	6.14	16.14%
其中	G1	公园绿地	5.86	15.40%
	G3	广场用地	0.28	0.74%
小计			35.52	93.38%
非建设用地	E1	水域	2.52	6.62%
小计			2.52	6.62%
总计			38.04	100.00%

广东省肇庆市宝月台塘片区旧城更新城市设计　四校联合毕业设计

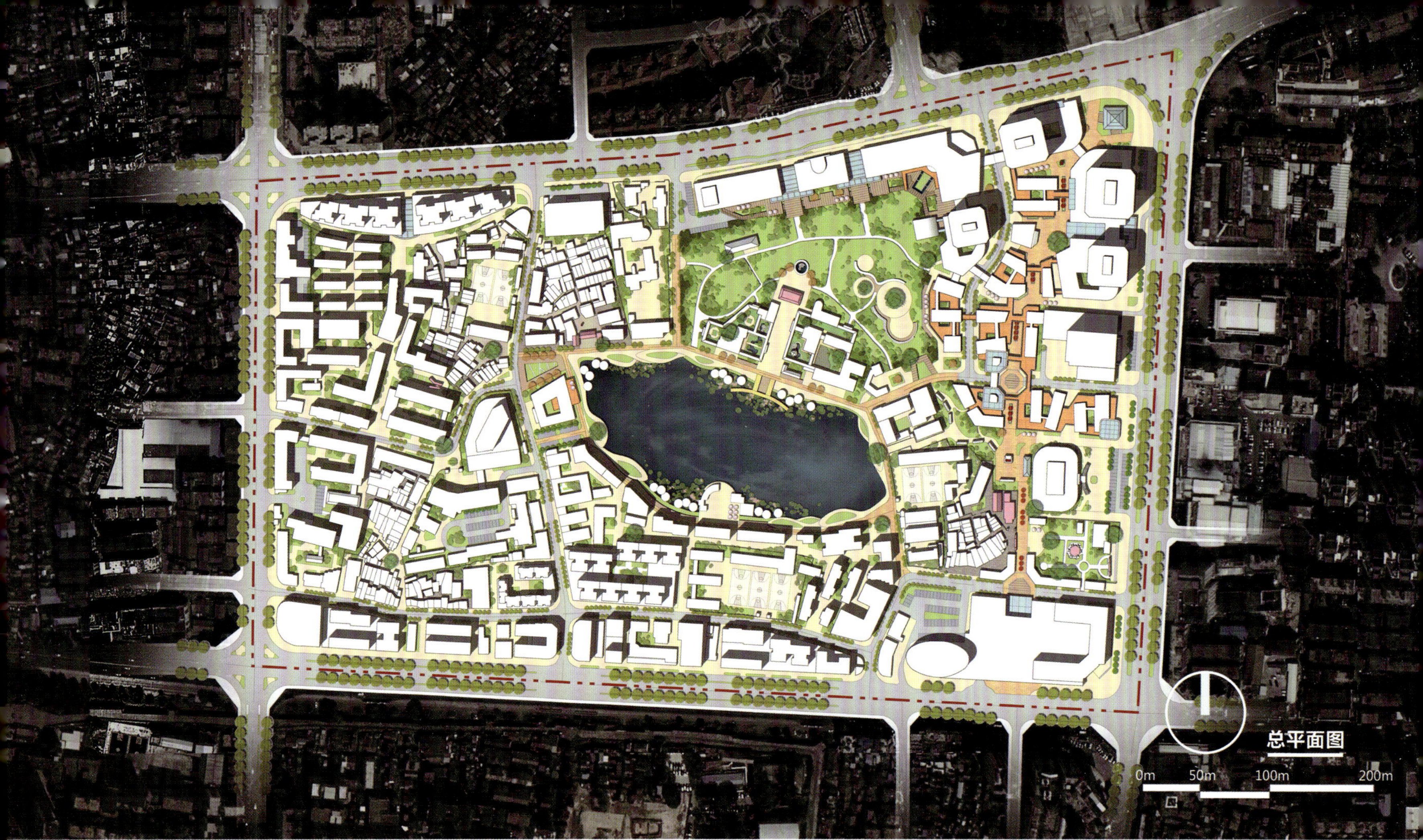

总平面图

0m 50m 100m 200m

鸟瞰图

个人成果 Personal Achievement

城市脉 URBAN VEIN

道路系统规划图

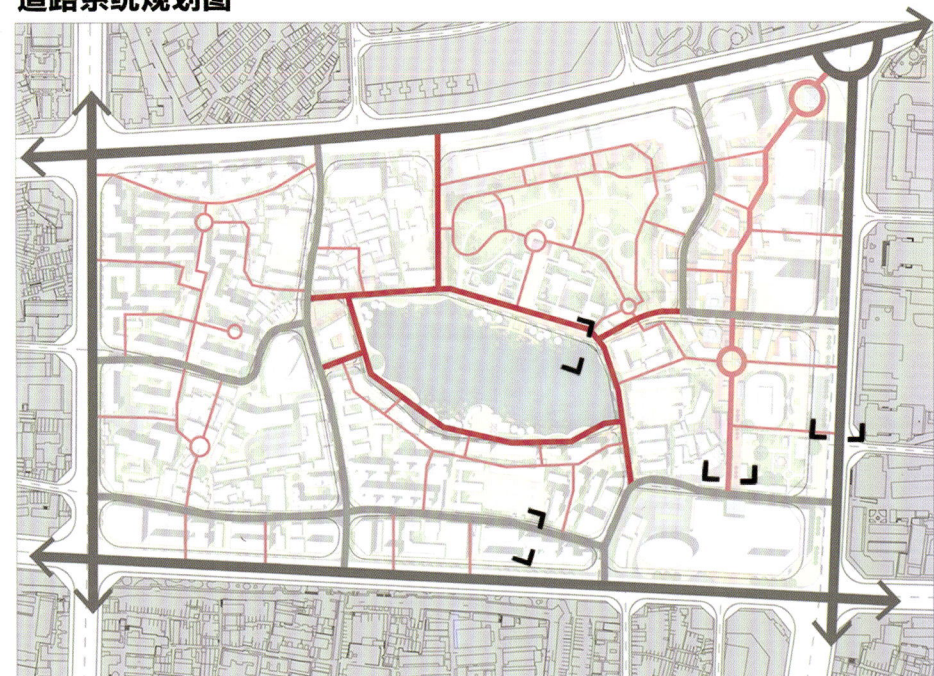

车行干道　　车行支路　　机动性道路　　一般步行道

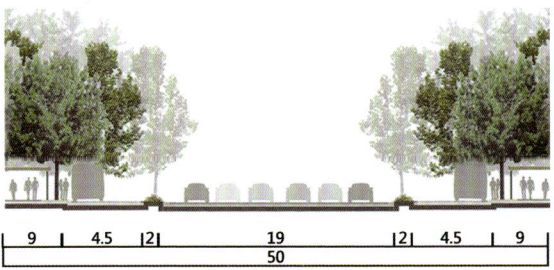
车行干道断面示意

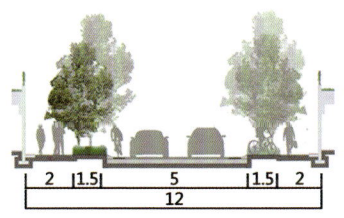
车行支路断面示意

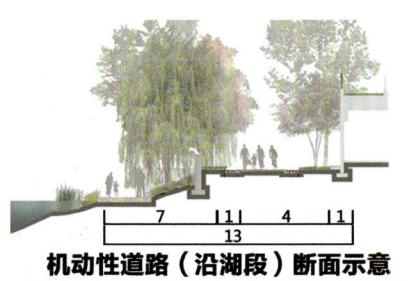
机动性道路（沿湖段）断面示意

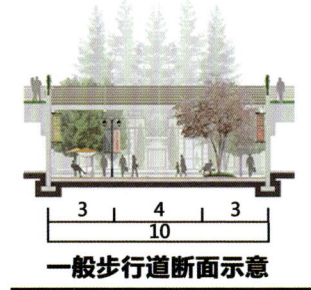
一般步行道断面示意

01 道路系统设计 Road System Design

内圈层　　中圈层　　外圈层

内圈层：道路步行化，基地内人行和车行通过交通设施转换。
中圈层：道路单行化，规划车行和步行划分，鼓励慢行，限制车行。
外圈层：调整道路断面，设置临时停车区域，美化人行空间。

02 动态路径 Dynamic Path

步行系统规划

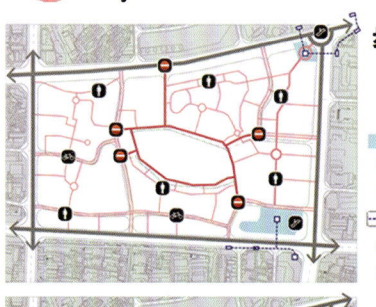

地下空间／限制入口／地下通道出入口／地下通道／自行车/步行／步行

单行系统规划

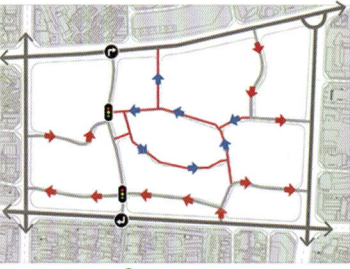

交通灯／单行方向／转向指示

03 静态设施 Static Facilities

停车场设施规划

地上综合性停车场／限制性停车道路／地下停车场／地下停车场入口／二层非机动车停车场

业态环
BUSINESS RING

方案推演 Project Plan

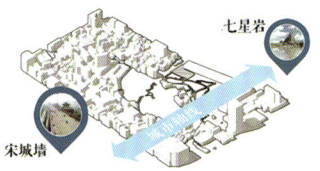
1 嵌入城市轴线形成新秩序

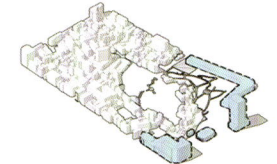
2 保留特定建筑，拆除破败

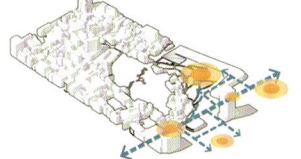
3 主轴串联节点生成结构

4 生成新建筑和公共空间

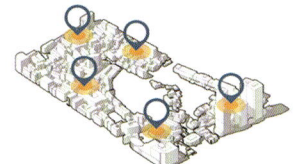
5 内街层的街道眼设置

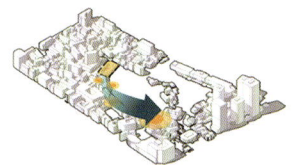
6 沿湖特色商业业态注入

业态环平面图 General Layout

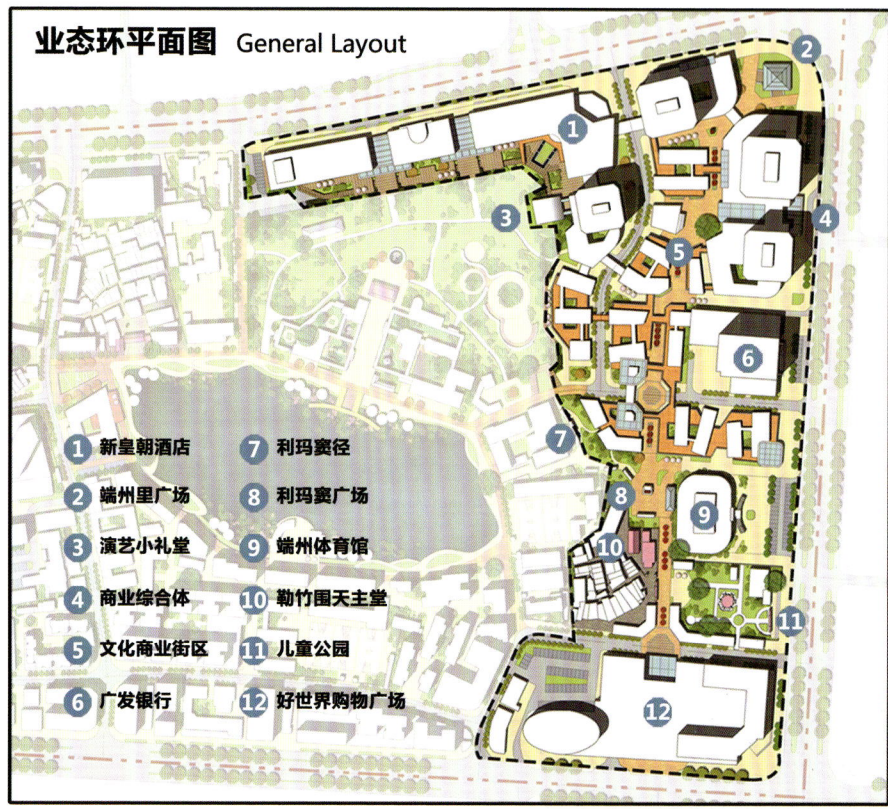

1. 新皇朝酒店
2. 端州里广场
3. 演艺小礼堂
4. 商业综合体
5. 文化商业街区
6. 广发银行
7. 利玛窦径
8. 利玛窦广场
9. 端州体育馆
10. 勒竹围天主堂
11. 儿童公园
12. 好世界购物广场

01 商业公园 Business Park

皇朝酒店已成为重要城市意向，建议保留

 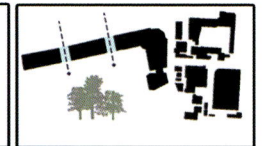
局部打通，使外界空间与公园产生联系

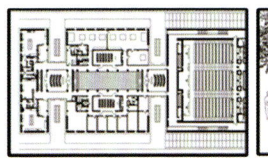 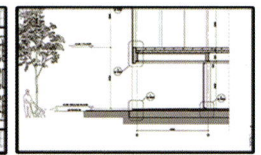
立面工程改造，使建筑体量通透化

商业公园空间关系示意图

1. 景观平台
2. 建筑通廊
3. 开放空间
4. 建筑庭院
5. 高度跌落

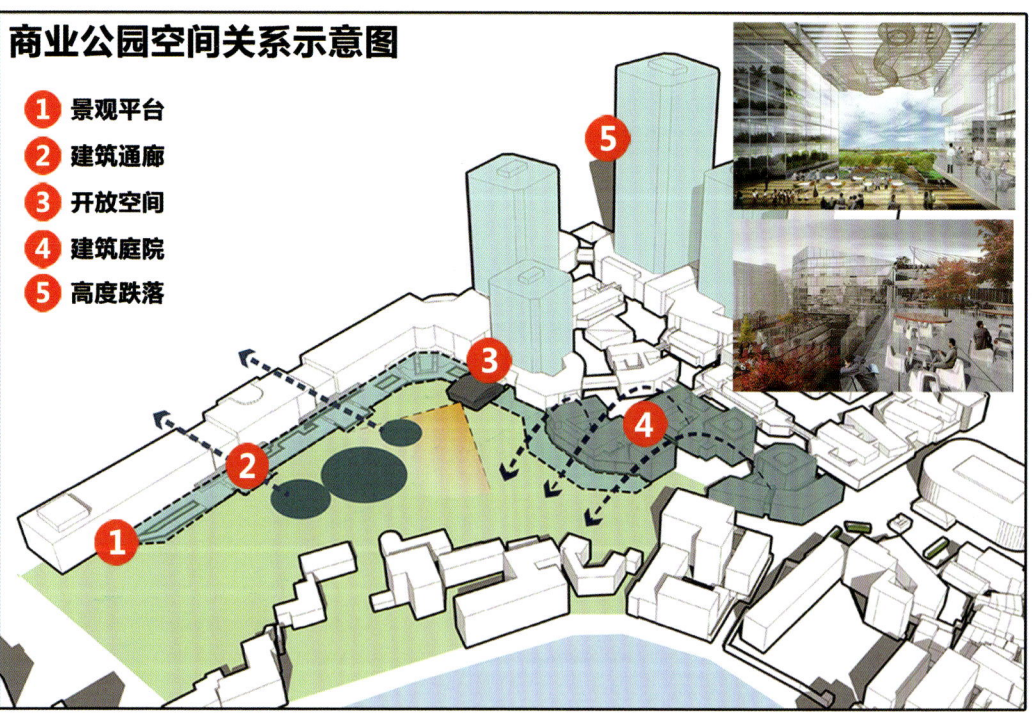

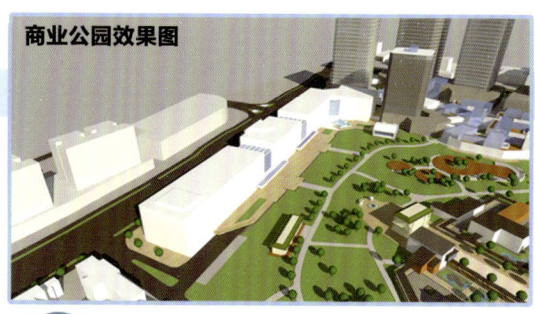
商业公园效果图

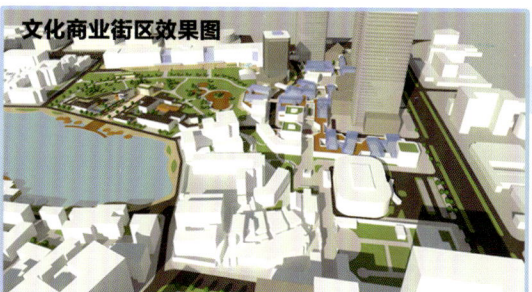
文化商业街区效果图

商业综合体效果图

02 文化商业街区
Culture Business Pedestrian Zone

商业街区业态布局

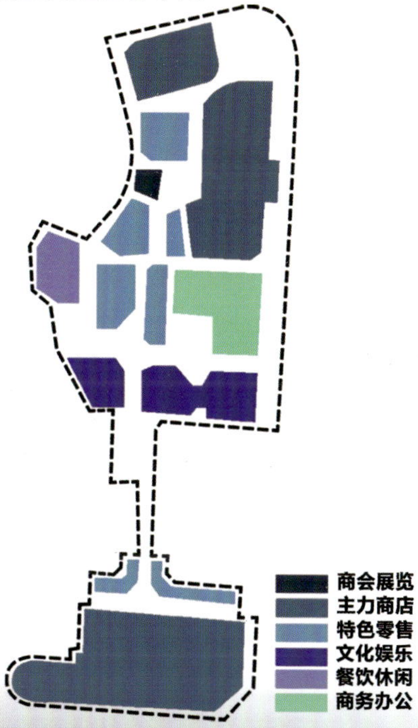

- 商会展览
- 主力商店
- 特色零售
- 文化娱乐
- 餐饮休闲
- 商务办公

商业街区空间示意

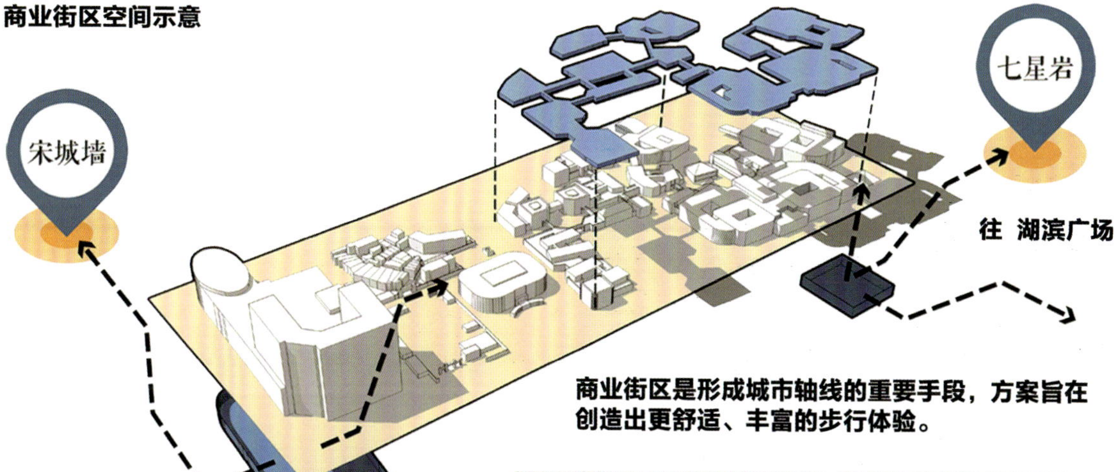

宋城墙 → 往 天宁广场

七星岩 → 往 湖滨广场

商业街区是形成城市轴线的重要手段，方案旨在创造出更舒适、丰富的步行体验。

03 商业综合体
HOPSCA

方案在东北角设计新商业群，能有效引领游人进入基地，并回应上层规划提高基地容积率的要求。

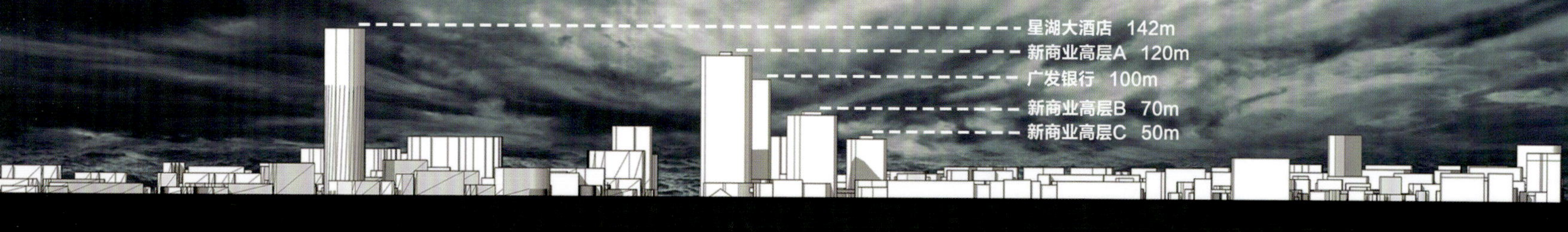

- 星湖大酒店　142m
- 新商业高层A　120m
- 广发银行　100m
- 新商业高层B　70m
- 新商业高层C　50m

基地北立面高度分析

四校联合毕业设计
广东省肇庆市宝月台塘片区旧城更新城市设计

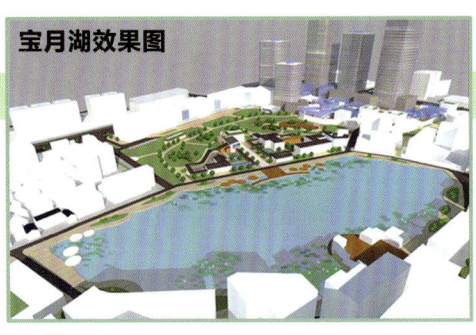
宝月湖效果图

宝月湖沿湖步道效果图

宝月公园效果图

02 宝月公园
Baoyue Park

参观学习　棋牌游乐　曲艺表演　园艺游赏　购物用餐

汉谋图书馆　休闲园林区　休闲活动区　园艺游赏区　商业餐饮带

用中国园林中"连"和"透"的手法改造公建群，使湖和公园互相渗透。

连
透

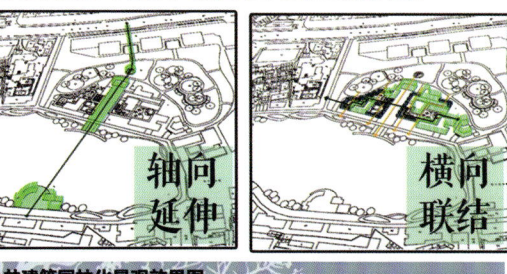
轴向延伸　横向联结

公共建筑园林化景观效果图

宝月公园活动内容

作为居民的主要活动场地，宝月公园是规划区最为核心的项目之一，其承载了商业片区的休闲服务功能；同时作为商业片区与居住片区的过渡，是基地内最具活力的场所。

为了应对新功能、形象、交通等方面的需求，宝月公园设置了园艺游赏区、休闲活动区和休闲园林区，在基地内重新建立秩序，激活内部活力。

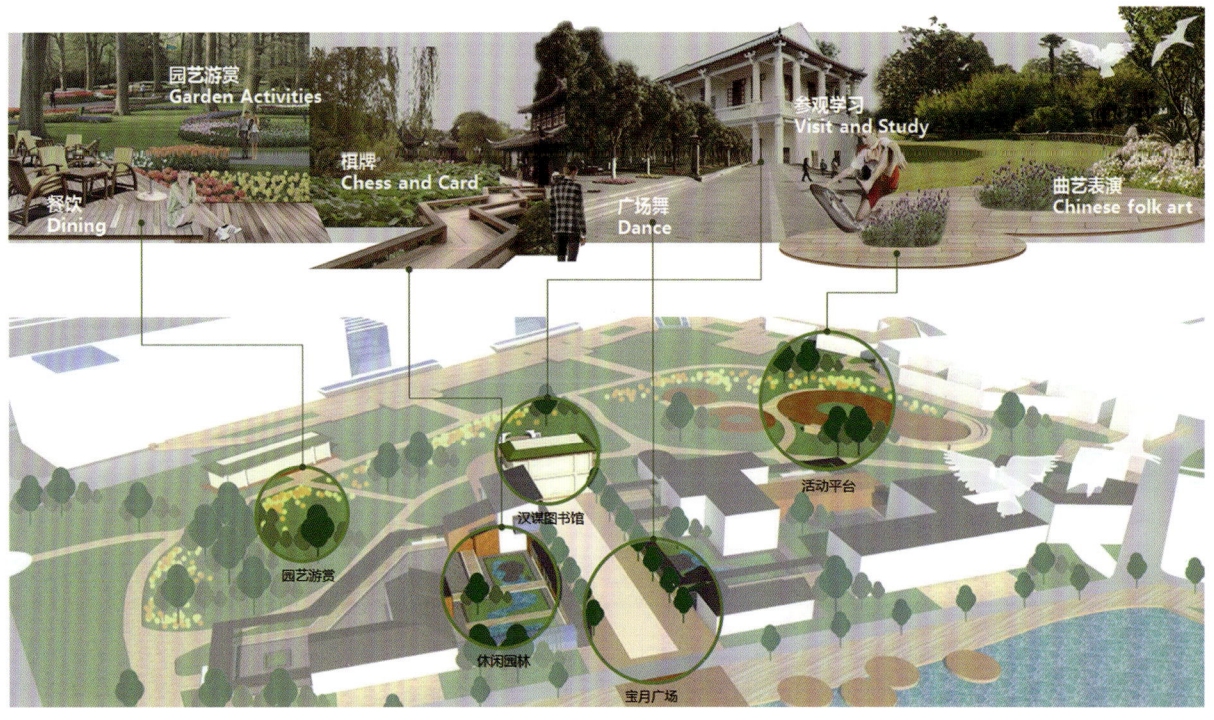

广东省肇庆市宝月台塘片区旧城更新城市设计
四校联合毕业设计

人文环
HUMANITY RING

01 民居 Residence

低层改造

对现状建筑构造要素进行提取　　部分改造形成邻里交流空间

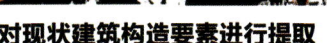

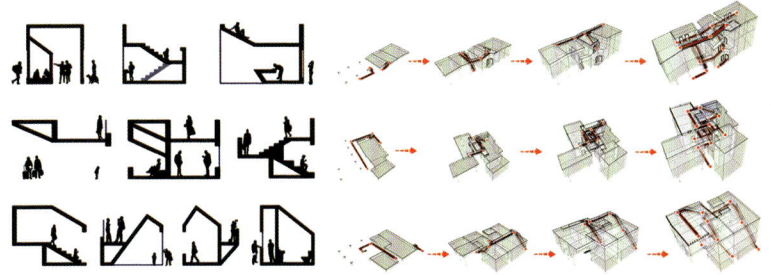

对低层片区的肌理进行梳理，重新组合，形成舒适的交互空间。

人文环平面图 General Layout

1. 幼儿园
2. 岗尾程
3. 市七中
4. 八贤里
5. 新居住楼盘
6. 多层改造示范区
7. 坛前街
8. 端州医院
9. 小高层改造示范区

改造旨在构建起更紧密、和谐的邻里关系，提升社区的安全感和舒适感。

多层改造

平面改造策略

将基地现状排布紧凑的楼房进行加减组合改造；将部分楼房扩增或拆除不必要的矮墙；活化置换出来的空间，为居民提供交流休憩的场所。

墙体打开后，内部和外部的绿化得以渗透交互，不仅为人提供交流场所，也解决了建筑通风的问题。

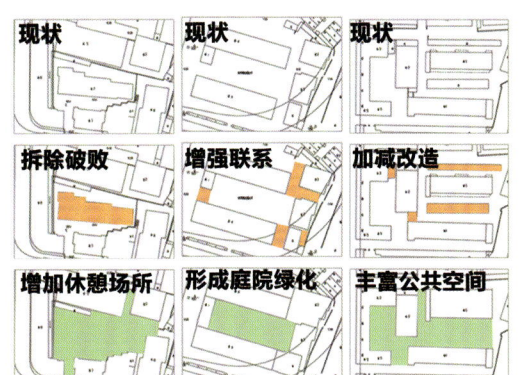

现状 / 现状 / 现状
拆除破败 / 增强联系 / 加减改造
增加休憩场所 / 形成庭院绿化 / 丰富公共空间

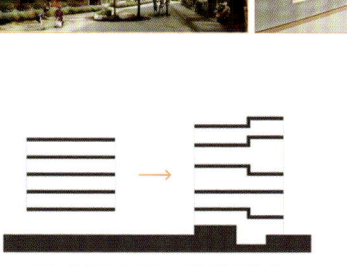

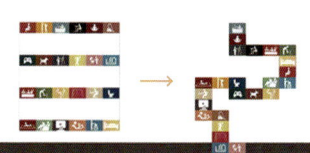

改变原来单一构造形式

创造互动的室内外空间

建筑形态改造

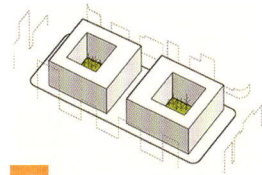 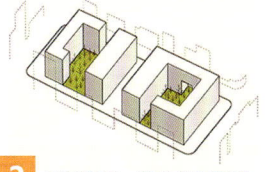 

1. 现状建筑内部相对封闭
2. 打破墙体，保持必要联系
3. 建筑形体改造

人文环效果图

民居改造效果图

公共空间改造效果图

广东省肇庆市宝月台塘片区旧城更新城市设计
四校联合毕业设计

小高层改造

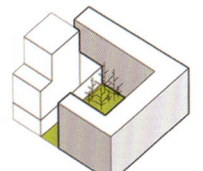
1 现状围合封闭

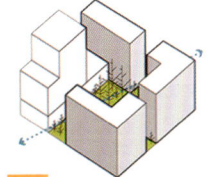
2 打通视廊

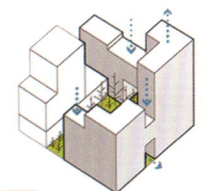
3 错落改造

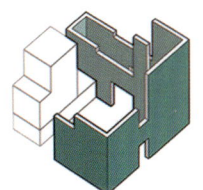
4 丰富内部空间

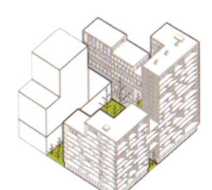
5 立面整饰

6 新高层形成

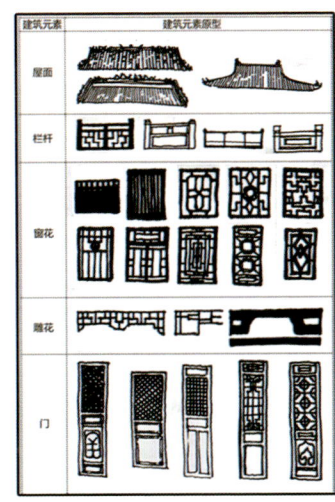

基调色
点缀色

小高层改造意向图

02 公共空间 Public Space

公共空间

半公共空间

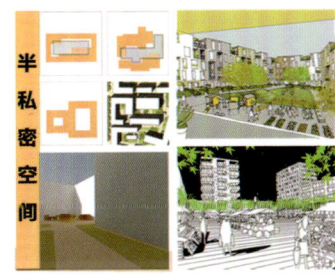
半私密空间

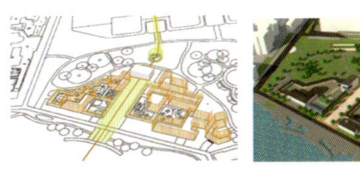

汉谋图书馆改造： 围墙推倒后，形成图书馆为点，广场为线，公建群为面的新公共空间。建筑群的园林化，更有利于公园与宝月湖的联系。

第三场所意向图

岗尾程（毓秀泉）村前活动中心 | 独立营社区活动场地 | 勒竹围天主堂礼拜场景 | 宝月台广场

游弋生活
广东省肇庆市宝月台塘片区旧城更新城市设计

基地区位

规划区位于肇庆市端州城区**中心位置**，北面紧临**七星岩风景名胜区**，南接肇庆**宋城古城**。与西江相距约700米，通过天宁路联系。规划区全市"三旧"改造，旧城片区的一部分。作为端州老城区的重要节点，是老城区公共服务能力升级，**提升城市形象的重要载体**。

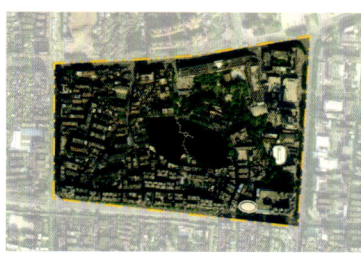

肇庆－端州区　　　端州区－基地

规划范围：
规划区北面以端州路为界，紧邻七星岩风景名胜区，宋城墙，以宋城路为界，西面以人民路，东面以天宁路为界。规划面积38.04公顷。

基地与周边重要城市节点距离：
距离肇庆火车站约3.6公里，约10分钟车程
距离肇庆东城轨站约27.3公里，约35分钟车程
距离广肇高速约12公里，约20分钟车程

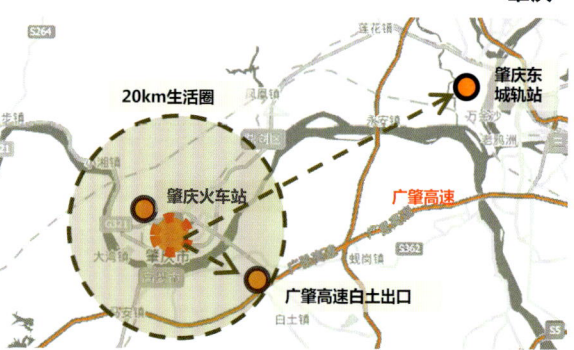

程奶奶（退休老人）：
我老了腿脚不方便，走不了太远，有时去宝月公园听工友唱粤剧。住在附近的邻居几十年街坊都很熟，白天家里闷热，我就坐在门口跟邻居聊天，或者看看来来往往的路人，就这样打发一天。
常去地点： 宝月公园、端州区人民医院、社区的老年活动中心、儿童公园

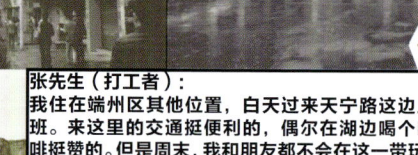

张先生（打工者）：
我住在端州区其他位置，白天过来天宁路这边上班。来这里的交通挺便利的，偶尔在湖边喝个咖啡挺赞的。但是周末，我和朋友都不会在这一带玩，因为这里比较适合老人家养老啦。
常去地点： 天宁路商业街、宝月湖周边、忠勇路

赵阿姨（家庭主妇）：
早上送大儿子上小学，然后去市场买菜，接着在家带小女儿和搞卫生，下午还要去接儿子放学。虽然学校不远，但是有些路是人车混行，小孩一个人走不安全。我从早忙到晚，晚上吃完饭才有空去宝月湖散散步溜溜狗。
常去地点： 市场、肇庆市第四小学、宝月湖周边、宝月公园、草场路

建筑结构

- 钢筋混凝土结构
- 砖混结构
- 砖木结构

建筑年代

- 民国前
- 民国
- 20世纪50年代-70年代
- 80年代-2000年
- 2000年以后

建筑类型

- 商业建筑
- 居住建筑
- 公共建筑
- 其他建筑

态交通分析

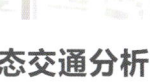

- 路边停车
- 停车场
- 二层停车场

动态交通分析

路名	道路措施	道路宽度	道路停车
端州路	人车混流	7m	有
宋城北路	人车混流	5.4-7.2m	有
荷香街	人车混流	10-13m	有
宝月路	部分人车分流	8-13m	有
忠勇路	人车分流	1m+5m+1m	有
草场路	人车分流	1m+5m+2m	有

■ 城市主干道　■ 支路
■ 次干道　　　■ 街巷

湖岸道路

水—步行道—混行车道—树---建筑

沿岸建筑类型：
以图书馆、市政管理局等公共服务建筑为主

沿岸建筑类型：
底层零售餐饮类的住宅建筑

树的种植位置不同会给人产生不同的空间感受。
北岸的树离湖较远使人的亲水行为积极度减少，湖岸亲水空间比较消极。南岸的树种植位置临水边，很好地限定了一种适合人停留的空间。

居民活动行为分析

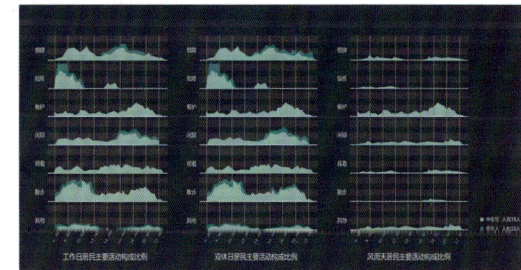

调研结果：
1. 无论工作日、双休日、风雨天日程活动主要为中老年人群。
2. 风雨天气对居民日常生活影响很大。
3. 双休日居民活动人数有所增加，主要因为天主教堂参加礼拜。
4. 社区缺少供老人娱乐的室内空间。
5. 社区青年、部分中老年对宝月湖、宝月公园、儿童公园持有消极态度。

动态性活动：锻炼　散步　接送　看护　购物　拍拖

静态性活动：闲聊　打牌　观看　休憩　休憩　礼拜　弹唱

忠勇路、草场路

沿街商业

城北路

多层住宅　沿街商业

中高层建筑巷道

多层住宅　多层住宅

低层建筑巷道

低层住宅　低层住宅

公服分析

现状问题
1. 公共服务设施较完善，但未能得到充分的利用；
2. 共服务设施主要分布在宝月湖周围；
3. 各公共建筑相互独立，未能相互融合与公园等公共空间有机联系。

类型		级别	全市性	区域性	邻里性
教育	幼儿园				2
	小学				2
	中学			1	
医疗卫生	医院			2	1
	药店				6
文化娱乐	图书馆		1		
	文化馆		1		
体育	体育馆		1		
	户外活动				
商业金融	银行			1	4
	购物中心		1		
	超市			1	2

小结：
通过调研发现社区居民对于空间的需求都是根据目的随机选取，除了做礼拜的场所有固定空间时间外，其他行为都是按照生活习惯性进行。

理论基础

 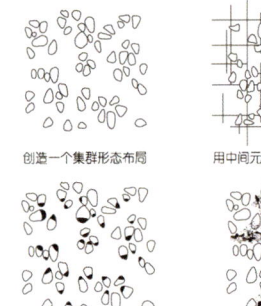

集群形态理论——聚落中基于单元组合的居住形式为城市提供了一种可能的秩序法则,个体形成整体。

改善民生的需要
  改善老城区设施匮乏、环境恶化、发展动力不足的生活环境。
集约土地的需要
  旧城更新,提供大量的城市建设用地。
城市整体发展的需要
  解决交通阻塞、环境脏乱、公共空间缺乏、乱搭乱建等现象。

现状解读

问题	解决办法
城市开放空间少	➡ 增加城市公共空间
交通不便	➡ 完善交通功能、人车分流
社会问题	➡ 协调政府出面解决
城市形态单一	➡ 调整建筑密度、丰富空间格局
城市特征不明显	➡ 加强文化特征、强调人们生活状态、生活方式

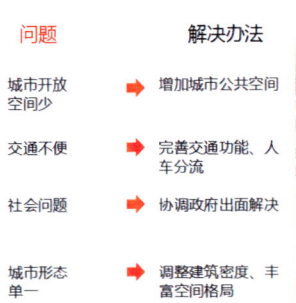

空间置换 功能置换 ➡ 共生 缝合

目标定位——原有村落有机更新,居住空间文化共生发展,创建和谐的空间秩序。

要素提取 ➡ 新与旧的矛盾 居住与环境的和谐

功能定位

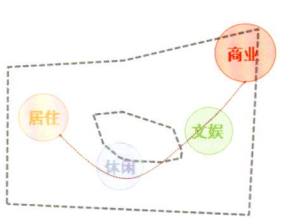 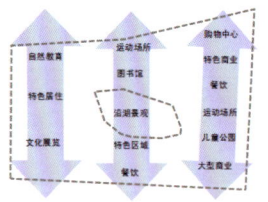 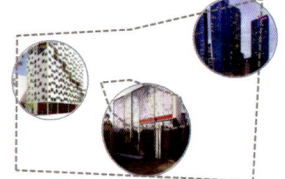

城市名片
基地处于端州的核心位置,景观资源优越。本次城市设计提出利用基地巨大的土地资源和景观优势,集中布置端州的现代商业、现代服务业等未来高端产业职能,成为端州乃至肇庆的城市名片。

公共客厅
本次城市设计将"公共生活职能"有意识的向宝月湖、宝月公园集中。通过策划文化、体育活动以及广场、步行道、二层连廊、公园等公共空间。建立基地面向未来的城市公共客厅。

宜居城区
拥有最佳的自然资源与区位条件,让基地必然成为宜居地块的最好见证者。在基地内采用复合的土地开发模式,加上足够的居住和商业配套设施,构建肇庆端州的宜居城区。

规划借鉴国内外城市发展成功经验,从城市层面统筹功能配置,与其他片区错位互补,协调发展;
以更高的建设水平和更鲜明的功能特色,将基地定位为:

集商业、娱乐、文体、休闲和居住于一体的活力中心地区。
由"旧城记"走向"复合中心"!
塑造肇庆城市的**经济新活力—文化新体验—城市新形象。**

诗意宝月 游弋生活

游 商 居

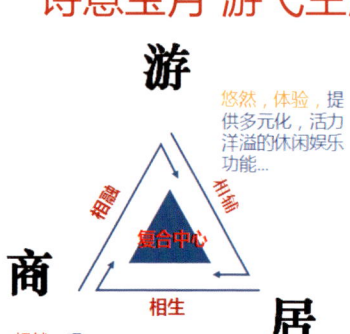

悠然,体验,提供多元化,活力洋溢的休闲娱乐功能...

闲适,超然,吸引一定的游客与市民消费

设计手法

生长:疏通基地外围使其融入周边环境,通过运动理论选择最优路径,沿路线培育生长节点单位,促进基地沿线更大范围的资源优化整合。

粘合:粘合周边资源,组织与星湖、七星岩风景区、宝月公园、宝月湖、天主教堂、宋城墙联系的休闲路线。通过整合主要节点的公共服务设施,沿线依照同时运动理论对节点进行改造,形成新的生活动线。

设计原则

a. 创造各种用途不同、大小不一的开放空间。
b. 将宝月湖岸线与已建成的环境融合起来,精心处理开放间和建筑之间的关系,使之富有变化,以创造一个充满趣味空间和生动的湖岸环境。
c. 将商业、零售和公共建筑融入重要的空间区域,以带动域的发展。
d. 针对每个不同片区塑造其风格与特色,同时在视觉上及筑语汇上、保持一定的连贯性。
e. 改善基地静态交通,从科学的角度改善规划区的停车问

设计策略

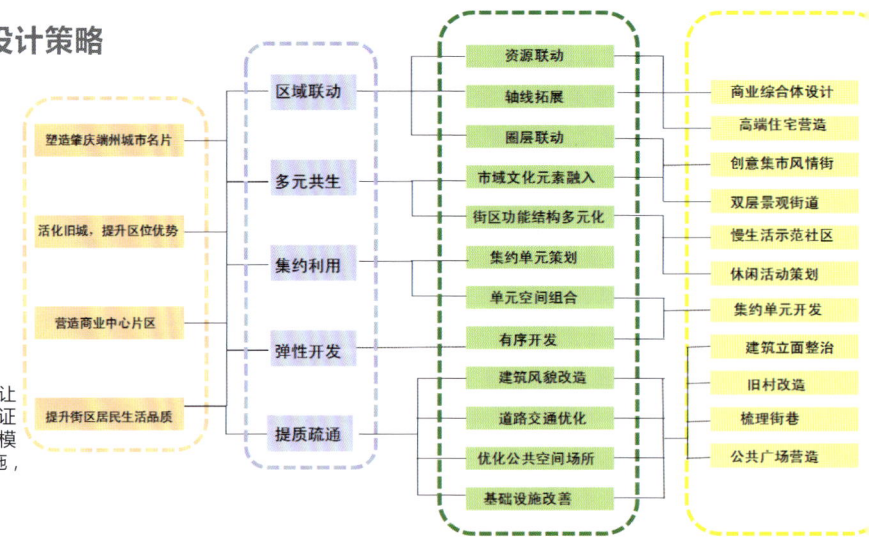

总体结构生成

1 根据设计策略评估确定拆除的建筑以及需要进行调整设计的建筑。

2 确定地块空间路径连接系统，以宝月湖和宝月公园为核心强化地块与周边区域的关系。

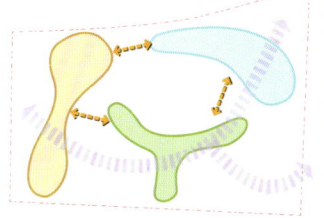
3 构建疏密有致的公共空间，根据目标定位对公共空间进行重构。

三元两轴三更新组团

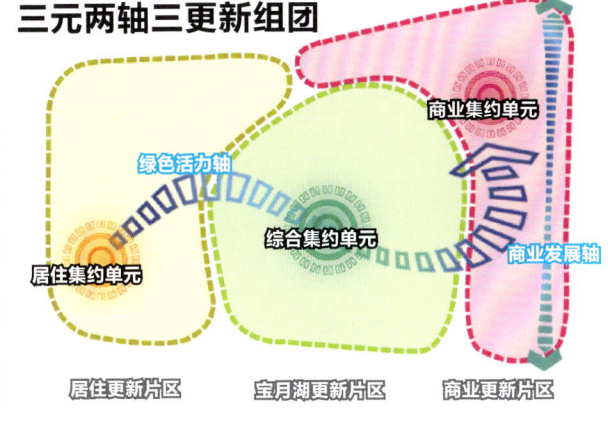

居住更新片区　　宝月湖更新片区　　商业更新片区

三元：
商业集约单元——城区的重要节点与城市名片
综合集约单元——以宝月湖为中心，提供社区级的商业、文化活动等服务
居住集约单元——通过集约改造使整个片区得到共生缝合

两轴：
绿色活力轴——联系自然景观与人文景观联系而成的一条街区发展主轴
商业发展轴——以天宁路、七星岩风景区和西江形成南北联动发展主轴

三更新片区：
商业更新片区——以天宁路附近的传统商业区的更新开发为主，在增加商业配套、提高服务质量的同时提供商业性旅游服务。
宝月湖更新片区——以重点设计宝月湖南岸公共空间营造场所精神与增加休闲服务配套设施的同时进行与宋城墙更好的衔接。
居住更新片区——以重点旧村落的改造营造邻里场所精神与增加生活配套设施为主，提高居住品质。

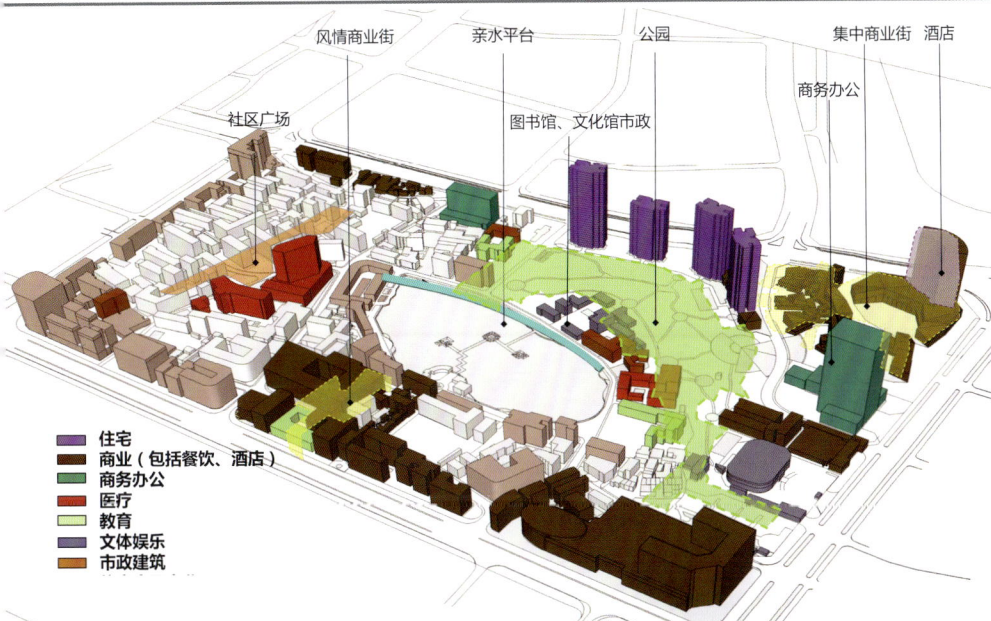

图例：住宅 / 商业（包括餐饮、酒店）/ 商务办公 / 医疗 / 教育 / 文体娱乐 / 市政建筑

总平面图

土地利用规划图

土地利用现状图

土地利用调整图

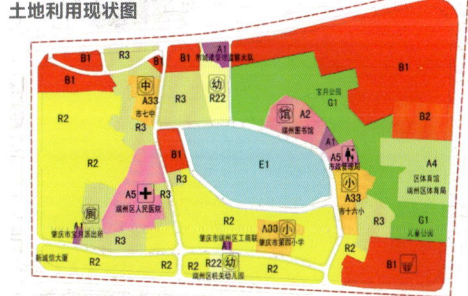

交通系统规划图

城市主干路　城市次干道　城市支路　社区主路

科学设计道路路网，规划道路职能，营造安全有序的道路交通和舒适的步行空间，减少车行交通对居民的干扰，提升居民生活品质。

交通道路规划图

车行干道　车行支路　机动性道路　一般步行道

连接主要景观和公共空间，以各种类型不同的步行道组成来串联基地内部与外部空间的步行系统，通过对步行道的设计来鼓励市民最大化使用基地景观和公共空间。

交通管理规划图

双向车道　单行车道

根据道路等级设计道路管理，将湖的北岸原有的双向车道改为单向车道，减少机动车对湖与公园等公共活动空间的影响。

静态交通规划

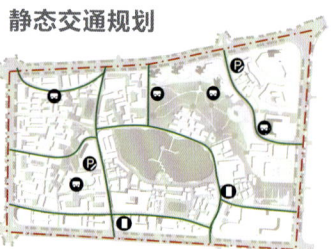

地下停车场　地上综合停车场　立体停车场　路边停车

体停车场安排在外围道路边，作为城市景观，路边停车带则根据功能需求灵活布置。

景观系统规划图

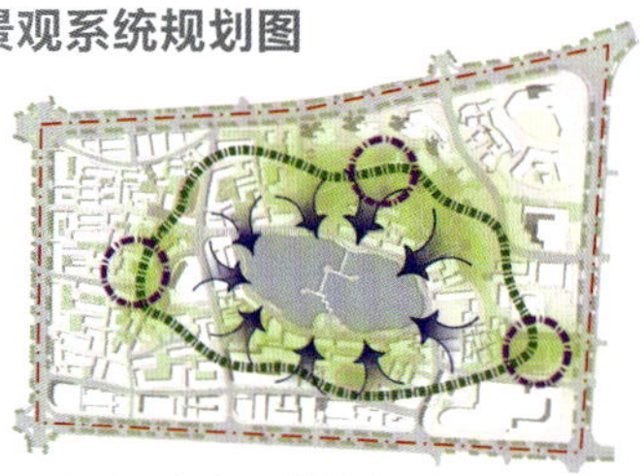

景观的主要框架是基地中心的宝月湖与宝月公园，以步行系统联系基地景观，通过景观带把各片区的环境串连在一起。

公服设施调整图

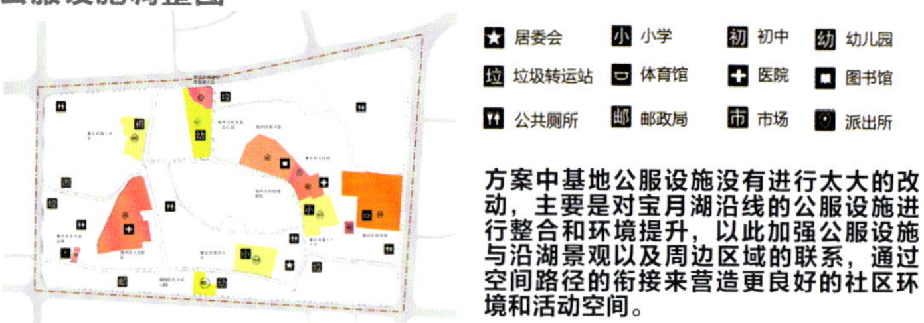

居委会　小学　初中　幼儿园　垃圾转运站　体育馆　医院　图书馆　公共厕所　邮政局　市场　派出所

方案中基地公服设施没有进行太大的改动，主要是对宝月湖沿线的公服设施进行整合和环境提升，以此加强公服设施与沿湖景观以及周边区域的联系，通过空间路径的衔接来营造更良好的社区环境和活动空间。

序号	类型	名称	用地面积（平方米）	建筑面积（平方米）
1	行政办公单位	肇庆市城建管理监察大队	1236.94	989.552
2	行政办公单位	肇庆市文化局	2311.3	1155.65
3	行政办公单位	肇庆市宝月派出所	533.43	1066.86
4	文化服务单位	端州区图书馆	3832.24	3832.24
5	教育单位	端州区机关第一幼儿园	5354.37	2677.185
6	教育单位	端州区机关幼儿园	1358.81	951.167
7	教育单位	肇庆市第四小学	5768.23	5768.23
8	教育单位	肇庆市第十六小学	5652.23	5652.23
9	教育单位	肇庆市第七中学	4575.69	5490.828
10	体育设施	端州区体育馆	6802.08	2901.04
11	医疗卫生单位	端州区人民医院	11902.27	23804.54
12	医疗卫生单位	端州区妇幼保健院	2052.17	2052.17

鸟瞰图

业更新片区设计（秦爽）

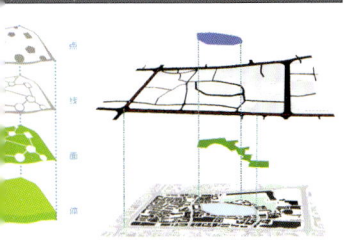

设计理念：
将有生命的植物融入到建筑中，在⋯⋯与人之间建立一种情感联系，使设⋯⋯有生命力。

设计构思：

天宁北路位于城市商业主轴，但商业界面不连续。

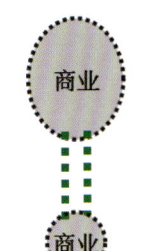

布局上考虑大型商业网点布置，规避商业界面不连续的不利影响。

现状分析：

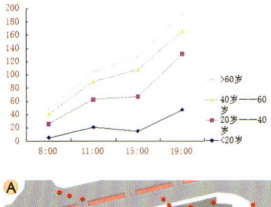

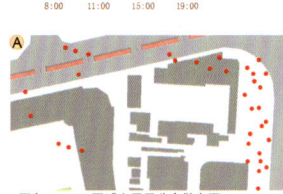
下午18:30A区域内居民分布散点图

下午18:30B区域内居民分布散点图

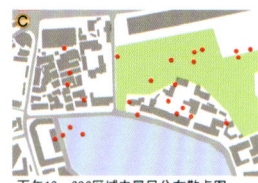
下午18:30C区域内居民分布散点图

统计不同时段的人流分析得，端州五路及天宁北路近交叉口处人流最大。

主入口广场：
主入口广场的形式来源主入口广场的位置处于基地动静相交地带，功能属性较为敏感，既担任着吸引游客，吸纳市民，集散、标志的任务，同时又包括保证基地内部居民生活空间不受过多破坏的作用。

1、皇朝酒店过长的界面阻隔了宝月湖公园与端州五路的视线通廊，降低了城市品质。
2、长期连续的街景界面属于市民记忆的一部分。
3、功能单一，未能充分利用公园的景观文化资源。

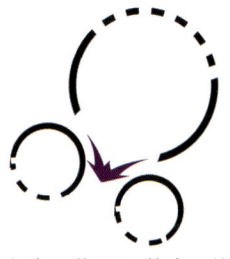
三环相辅，开口向人流量最大处，向外将人流引入。大环底层架空开口向道路交叉口。

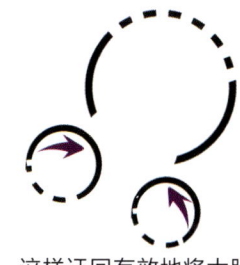
人流面临景观节点，将人流打散。

这样迂回有效地将大股人流引入商业，扩大商业界面，提高了一线商铺数量与质量。

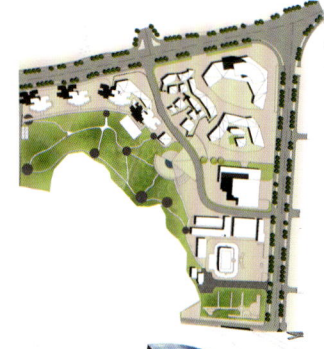

 商业东线 →  呼应轴线关系 →  预留城市空间 → 营造内部空间

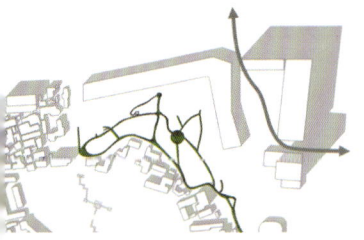
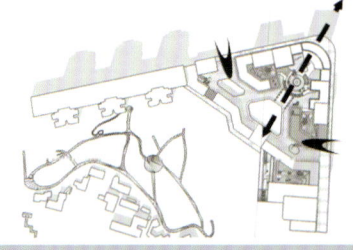
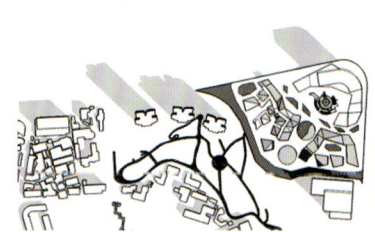

游弋生活 —— 广东省肇庆市宝月台塘片区旧城更新城市设计

以图中标记单体建筑为例，解析建筑元素及空间形态。

民居——坡屋顶

宋城墙——青砖顶

现代——玻璃石材

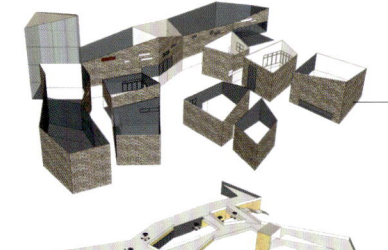

不规则的屋顶骨架，源于对中国传统民居的抽象。使建筑保持低调内敛的姿态。

小体量的建筑自由布局，围成庭院，既能成为市民及顾客提供遮阳休憩的场所，也是庭园与城市的过渡空间，亦虚亦实，使视线保持联通。

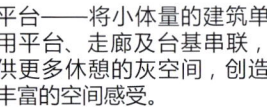

平台——将小体量的建筑单元用平台、走廊及台基串联，提供更多休憩的灰空间，创造丰富的空间感受。

①
②
③

⑥

④
⑤

鸟瞰图

月湖更新片区设计（李佩怡）

区分析

北岸建筑功能
- 教育类
- 餐饮类
- 生活类
- 其他

南岸建筑功能
- 文化类
- 教育类
- 餐饮类
- 生活类
- 其他

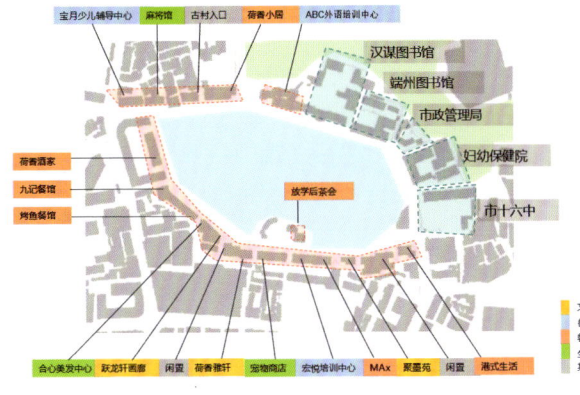

宝月湖周边人群活动分析

居民围绕宝月湖活动的积极度受沿湖建筑的功能和形式影响。根据调研结果，提取不同人群的活动节点，发现南岸供居民活动的公共节点少，且其商业功能对居民及游客的吸引力比较低，确定南岸为重点改造区域。

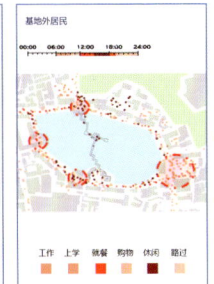
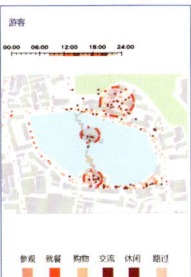

岸线规划

A- 双层人行道
提升"荷香宝月"的观赏价值
串联交通集散空间
复兴沿岸商业

B- 湖区慢生活示范社区
社区邻里重建，有机更新
设置社区通往湖岸的道路入口
整合公共开敞空间
突显休闲慢生活节奏

C- 创意集市风情街
岭南风情文化的传承
激活空间，肇庆文化创新体验
连接"宝月湖——宋城墙"

现状 / 改造意向

A - 双层人行道
将人引上二楼活动，建筑首层可停车、商铺及垂直交通枢纽。

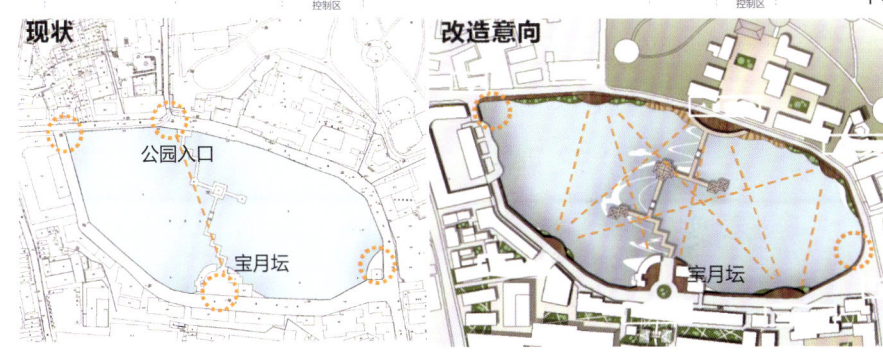

得更优的景观视野 / 部分伸出平台可做休憩空间 / 解决停车空间不足的问题

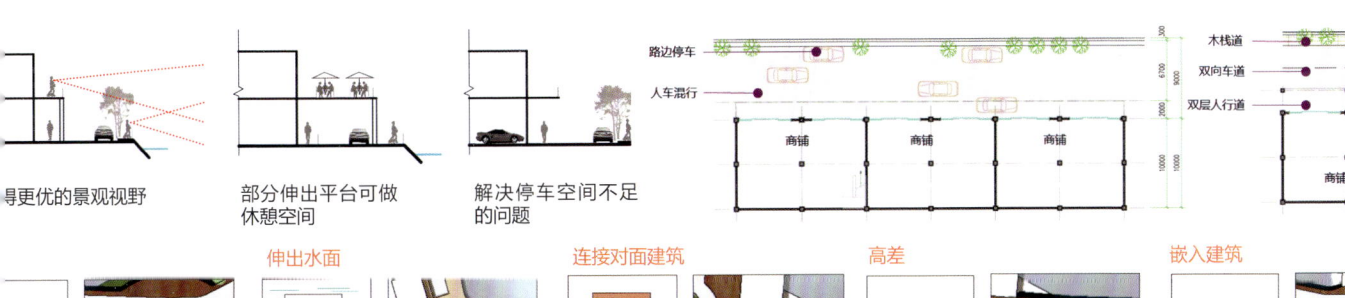

伸出水面 / 连接对面建筑 / 高差 / 嵌入建筑 / 断开

居住更新片区设计（林辉清）

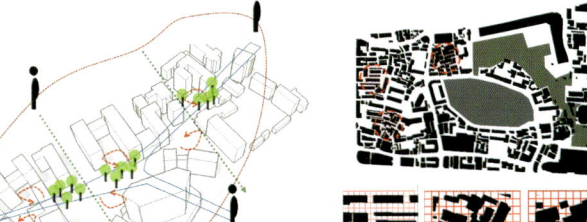
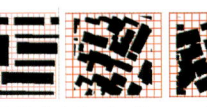
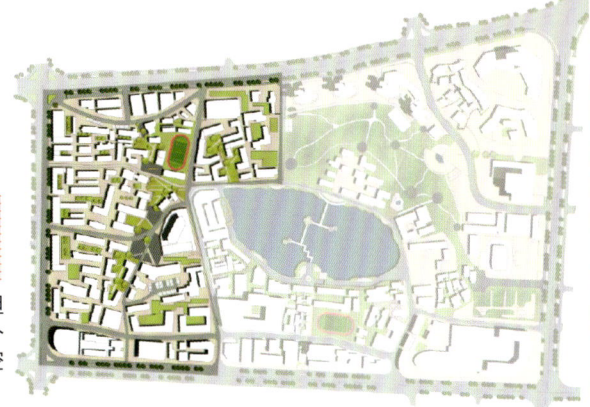

设计理念：
通过梳理居住片区的建筑肌理空间结构创造更多的开放空间来衔接整个基地的开放空间。

设计策略： 原旧村落有机更新，居住空间文化共生发展，创建和谐的空间聚落。

现状分析： 街巷肌理丰富但之间没有很好的衔接。整个西部片区缺少大型的公共空间来衔接片区街巷。

方案生成逻辑

建立居住轴线 → 呼应肌理关系 → 划定更新片区 → 营造内部空间

以南北入口为主轴连接各出口部分街巷

梳理原场地肌理利用交通的交汇口创造三个集约单元

根据场地街巷肌理划定核心集约更新居住片区

通过对集约居住片区的改造来疏通整个地块，从而使得地块与周边地区的共生

方案生成步骤

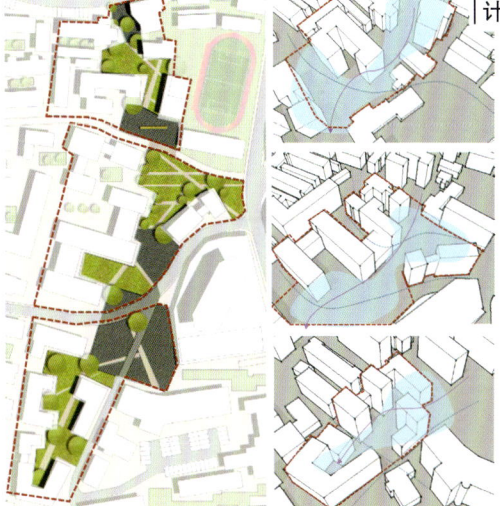

定义核心，强化与周边地块的联系

对旧村落进行拆建改造、梳理地块空间关系

闲适活泼的居住景观轴线

营造充满活力的居住活动场所，创造多景观开放空间体系

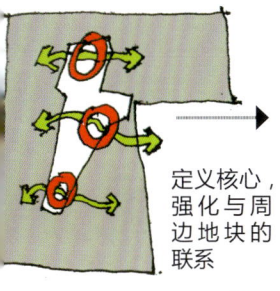
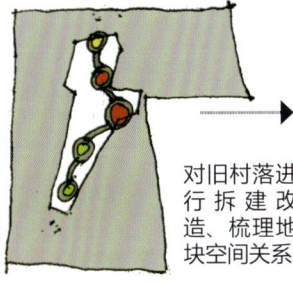
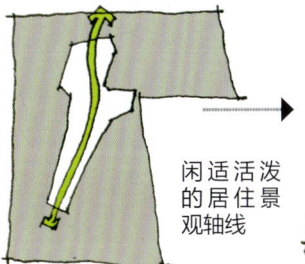
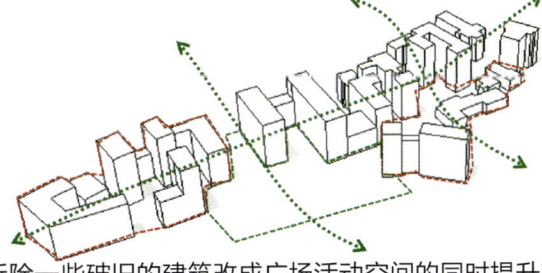

原有肌理空间散乱、拥挤，阻碍了城市的发展和土地的集约利用

拆除一些破旧的建筑改成广场活动空间的同时提升对土地的利用，使整个片区的组织和导向更有目的性

A

B

C

D

广东省肇庆市宝月台塘片区旧城更新城市设计

四校联合毕业设计 广东省肇庆市宝月台塘片区旧城更新城市设计

吴丹萍：毕业设计一路走来，考验了我的能力也发现了自己的不足，收获很多。此次毕业设计我们并肩努力，互相包容，体会到团队互相协调配合，发挥各自特长，是做好城市规划的重要前提。谢谢我的良师、益友给了我这一段美好的回忆。

张运崇：此次毕设，对于老味道的重塑是我最感兴趣的点，对于设计如何从人群出发有了更深的理解，仿佛看见鲜活的生活记忆在地图上跳跃。正如省规院马向明总工所讲，规划师要有乐观的心态、热爱生活的情愫，才能做出具有人情味的设计！

付聪聪：四个月的毕业设计终于落下帷幕，回首这段时间以来去往广州、南昌、昆明与三校同学一起进行学习、设计、汇报等感到收益颇多，特别谢谢老师的指导、两位组员和我的默契合作，希望能在规划这条道路上越走越远！

李想：毕业设计让我体会到这是一个对五年来所学专业知识的一种综合应用，与其他三所学校老师同学的交流更是一种再学习、再提高的过程。感谢我的老师、规划院前辈的悉心指导，感谢我的同伴全力的付出，感谢大学生活带给我的美好记忆。

于思远：这次四校联合毕业设计，从别的学校的老师和同学那里学到了很多不同的学习方法，也看到了自己专业知识方面的欠缺和不足之处。毕业设计不仅是对前面知识的一种检验，也是对自己能力的一种提高。感激老师的悉心指导、同学的互相帮助，所学所获是人生道路上不可多得的财富。

杜一同：三个多月的时间总是短暂而又漫长，在这过程中我们有最初要做一个好毕设的坚定信念，也有过中途的迷茫而想折返，但在最终看到自己做出的成果时，我们都是激动万分。设计有所不足仍有很大的改进空间，感谢队友，感谢广东省规划院的支持和各位老师的指导。

曾丽平：第一次做旧城更新是不小的挑战，也充满新奇和乐趣。第一次将小品、角色扮演融入汇报，体会不同使用者的感受去理解基地去做设计；第一次跟这么多学校的同学们一起交流学习，同时接触到这么多新思维。感谢队友感谢老师，感谢广东省规划院提供这样一个平台帮助我们共同进步。

西南交通大学
SOUTHWEST JIAOTONG UNIVERSITY

刘健健：大学五年中的最后一次课程设计，不要给自己留下遗憾是我不竭的动力。一份耕耘，一份收获，是我坚信的人生哲理。毕业设计已经过去，明天又将是一个崭新的开始，无论未来的路平坦抑或曲折，联合毕设的经历都将是我一份宝贵的财富。

次仁措姆：在这次联合毕业设计的过程中我感受到了来自不同地域四所大学老师和同学们的风采，也从他们身上学到了很多不同以往的设计方法、理论知识。通过自己的努力最后取得比较满意的成果我感到很开心，也为自己的大学生活画上了圆满的句号。

新邻里&老味道——居游共享的传统生活街区
广东省肇庆市宝月台塘片区旧城更新设计

指导教师： 赵炜
作　　者： 吴丹萍　曾丽平　张运崇
学　　校： 西南交通大学

区位分析

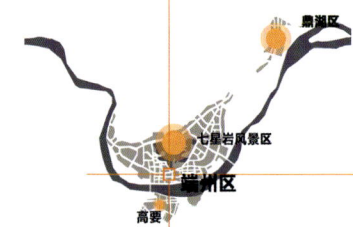

基地位于肇庆市端州区，属于广佛肇经济圈、广州一小时经济圈。基地紧邻七星岩风景区以及宋城墙，位于端州区核心区，周边条件充裕，区位优势明显。

设计说明

传统生活街区充满了叙事性的段落，是一段段生活的组成，它包含了极为复杂的情感，一条条街道就是公共与私密的界面，是人与城市关系的见证者。邻里关系、街巷生活、历史文化是传统生活街区的味道，随着现代社会的发展，传统生活街区大面积的毁坏，"老味道"最终会荡然无存？方案站在重塑"邻里"，延续"老味道"的旨意，探讨传统生活街区的复兴模式。

历史沿革

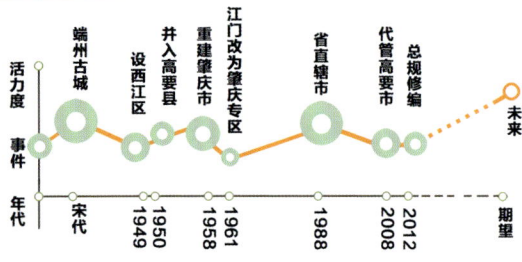

山湖城江

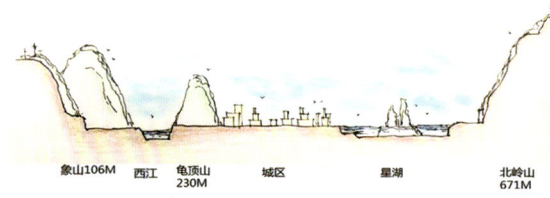

空间分析

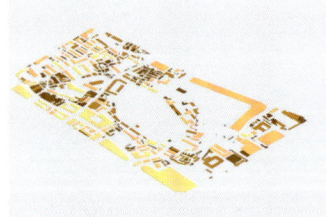

建筑质量
- 质量较差
- 质量一般
- 质量较好

建筑高度
- 高层
- 多层
- 低层

土地使用现状
- 公园绿地
- 公共管理用地
- 商业服务业用地
- 水域
- 居住用地

现状概况

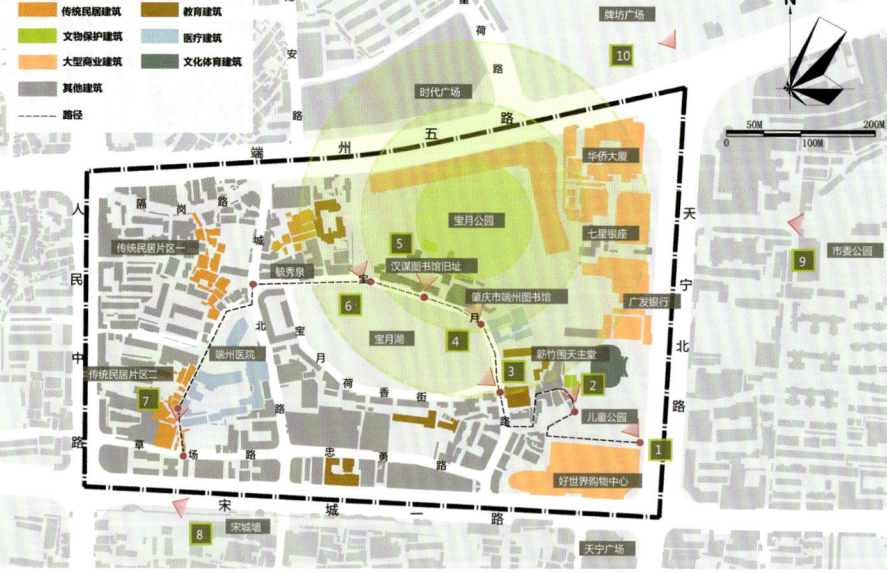

① 儿童公园

② 天主教堂

③ 宝月湖

④ 端州区图书

⑤ 汉谋图书　⑥ 宝月公园　⑦ 传统街巷　⑧ 宋城墙　⑨ 市委公园　⑩ 牌坊广场

基地各类人群分布关系图

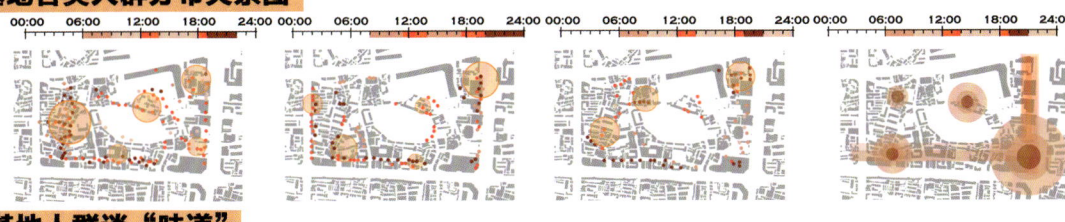

基地人群谈"味道"

文化味道

砚文化

祭祀文化

俗文化

市井文化

人群愿望

民意调查

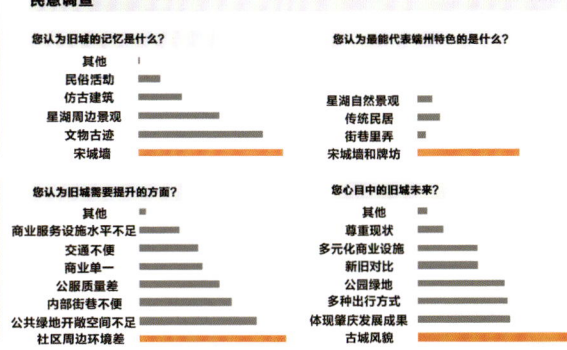

您认为对旧城的记忆是什么?
- 其他
- 民俗活动
- 仿古建筑
- 星湖周边景观
- 文物古迹
- 宋城墙

您认为最能代表端州特色的是什么?
- 星湖自然景观
- 传统民居
- 街巷里弄
- 宋城墙和牌坊

您认为旧城需要提升的方面?
- 其他
- 商业服务设施水平不足
- 交通不便
- 商业单一
- 公服质量差
- 内部街巷不便
- 公共绿地开敞空间不足
- 社区周边环境差

您心目中的旧城未来?
- 其他
- 尊重现状
- 多元化商业设施
- 新旧对比
- 公园绿地
- 多种出行方式
- 体现肇庆发展成果
- 古城风貌

邻里反思

基地特色是拥有传统风格的街巷，但是街巷需要重新组织，梳理层级，分清主次，完善街巷空间。

基地内院落空间较为狭窄，主要分布在传统街区中，以天井或者小通道为主，院落空间无序。

基地公共空间较为缺乏，组团绿地与广场缺乏。公共空间以古树，水井、街巷、骑楼等主要载体，空间有待提升。

社区较为庞大，趋近于400x200，不便于管理以及交往，同时社区内缺乏公共活动中心，一些建筑退距难以满足日照要求，建筑朝向也有待提升。

 街巷

 公共空间

 院落

社区

设计框架

规划目标	规划策略	规划方法	技术手段
"新邻里&老味道"——居游共享的传统生活街区	传承历史文化	重塑乡愁记忆	修复历史建筑
		创造文化载体	创造民俗文化街
	产业结构升级	业态结构调整	活动、场地策划
		文化创意产业策划	
	改善居住环境	微循环路网构建	完善道路系统
		整治建筑风貌	异质建筑改造
		社区精神营造	"群居+家庭式"的新邻里关系
	平衡居游冲突	新邻里街巷骨架	
		叠合公共空间	自然场所与社会空间并置
		错位时间空间	创造公共时间
		居民管理参与	恢复空间多样性

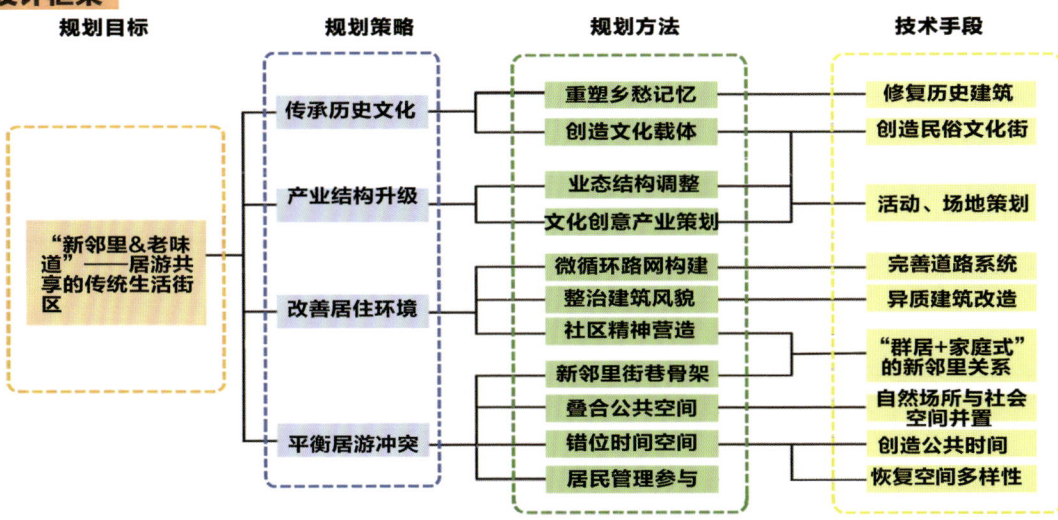

四校联合毕业设计
广东省肇庆市宝月台塘片区旧城更新城市设计

重点地段环境设计

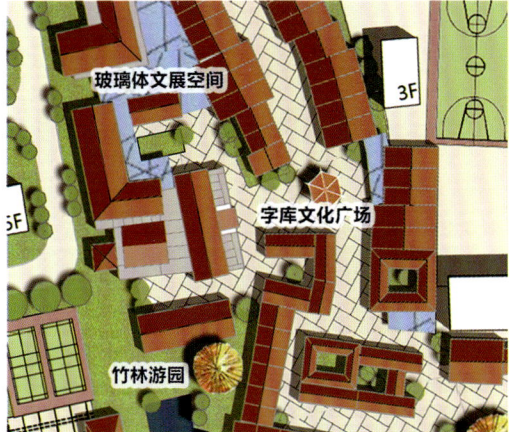

邻里空间更新

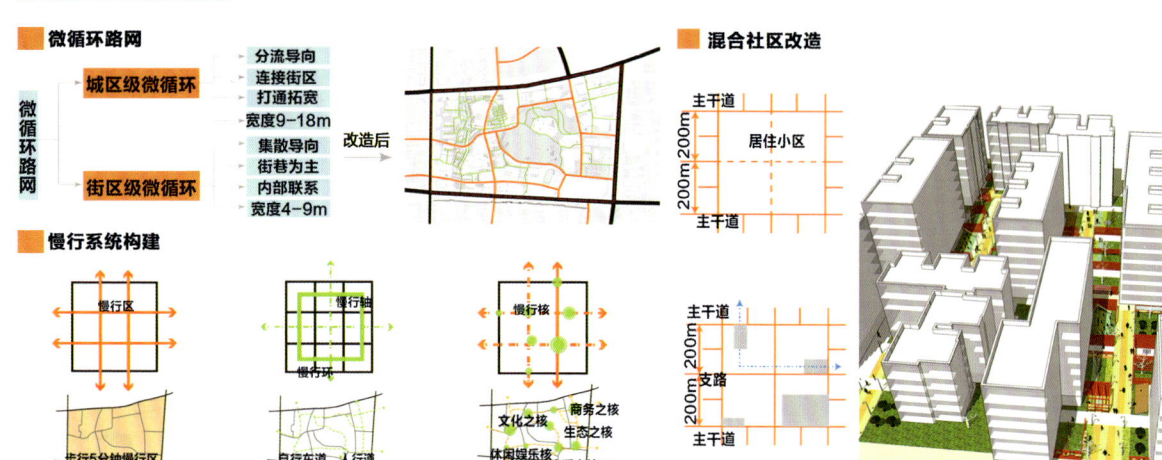

混合社区活动组织

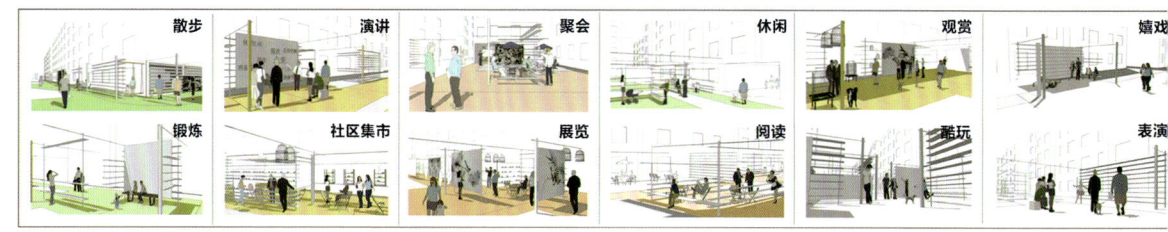

街巷界面空间改造

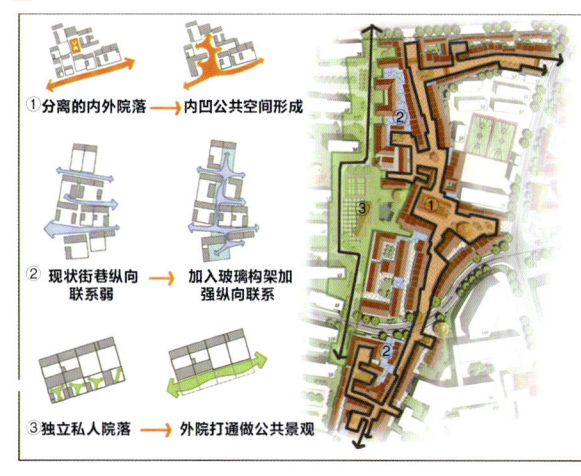

院落类型梳理

空间类型	院落类型	服务对象	活动需求
	商业型	游客、居民	零售、交谈、集会 休闲、通过
	体验型	游客、居民	观光、体验 交往、通过
	通过型	游客、居民	交往、通过、散步
	休憩型	居民	交谈、散步 生活服务
	玩耍型	居民	交往、娱乐 穿行、运动

传统民居改造

基地内有大量的旧式民居，其中一些具有一定保留价值，设计了四种形式对基地内的建筑进行针对性改造。

典型院落更新示意：

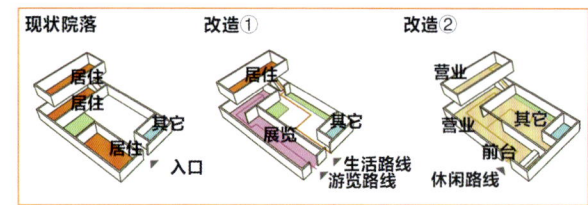

四种主要改造形式：

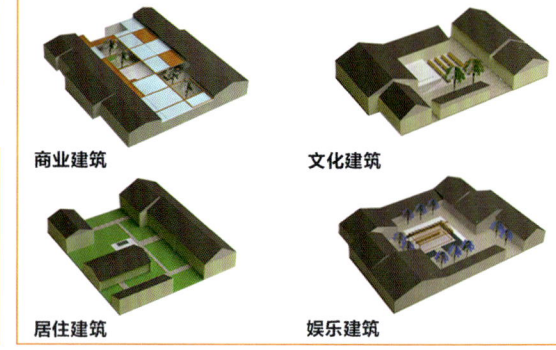

传承历史文化

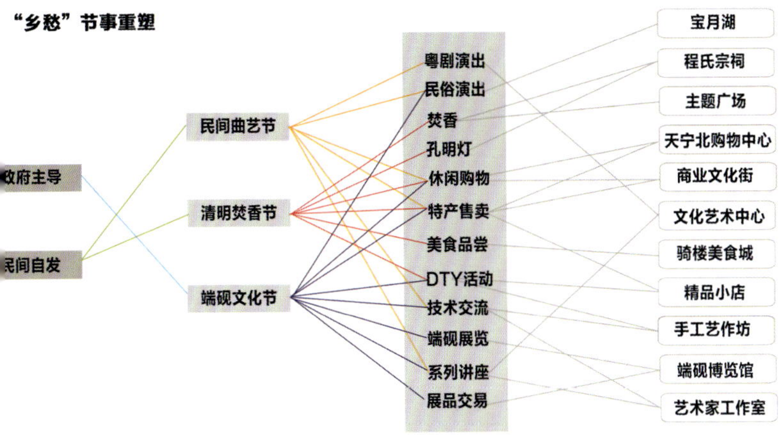

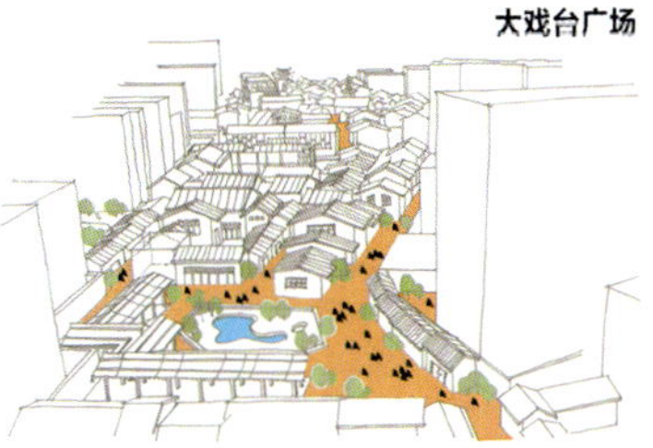

"乡愁"节事重塑

政府主导 — 民间曲艺节 / 清明焚香节 / 端砚文化节
民间自发

粤剧演出、民俗演出、焚香、孔明灯、休闲购物、特产售卖、美食品尝、DTY活动、技术交流、端砚展览、系列讲座、展品交易

宝月湖、程氏宗祠、主题广场、天宁北购物中心、商业文化街、文化艺术中心、骑楼美食城、精品小店、手工艺作坊、端砚博览馆、艺术家工作室

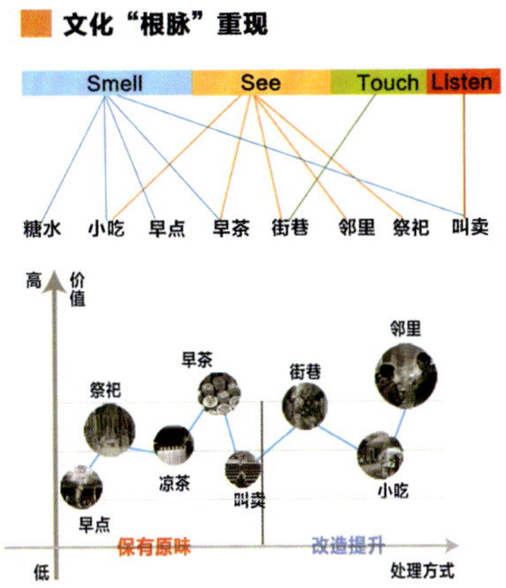

文化"根脉"重现

Smell | See | Touch | Listen

糖水、小吃、早点、早茶、街巷、邻里、祭祀、叫卖

高价值 — 低价值；保有原味 — 改造提升（处理方式）

祭祀、早茶、街巷、邻里、凉茶、叫卖、小吃、早点

骑楼小吃街　大戏台广场　城市客栈　民俗文化街

老味道地图

星湖风景区、牌坊广场、牌坊步行街、市委公园、民俗画廊、肇庆老字号、程氏宗祠、汉谋图书馆、休憩亭、宝月公园、字库塔、古井、古树、古树广场、宝月湖、休闲中心、古树、天主教堂、文化宫、中山公园牌坊、城市客栈、老菜场、古树、坛前街、曾家巷、骑楼小吃街、风味小吃、好世界购物中心、入口牌坊、宋城墙

四校联合毕业设计
广东省肇庆市宝月台塘片区旧城更新城市设计

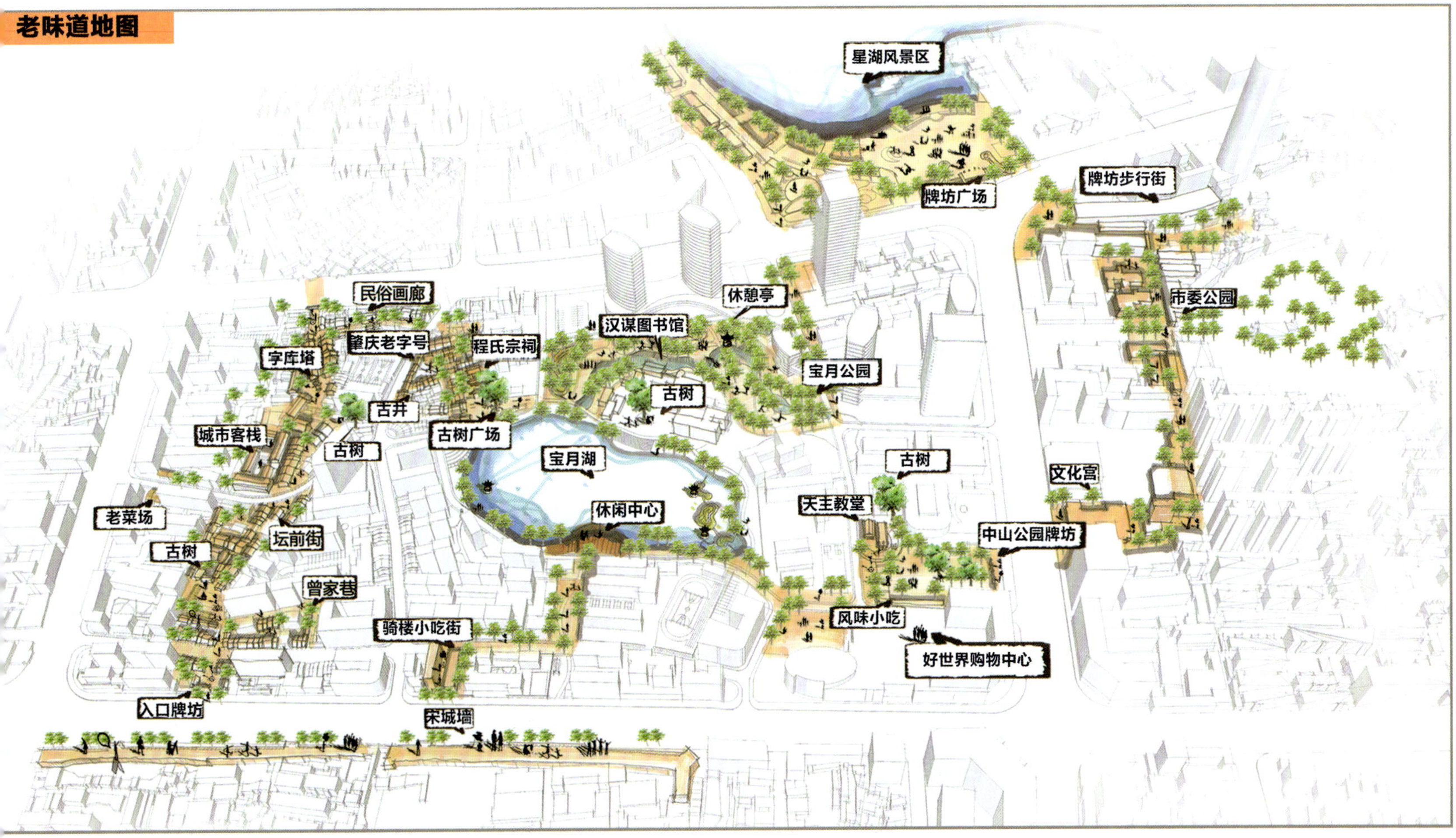

设计构思

 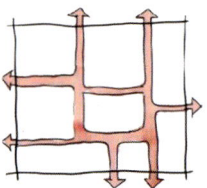  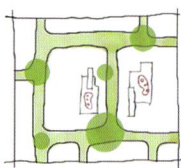 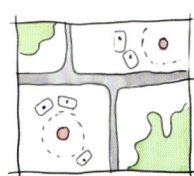 

功能联系——对基地现状功能进行梳理，提取主要功能并进行功能分区。

便捷交通——增加道路网密度，完善路网系统，提高基地交通可达性。

服务平台——在不同组团内布置不同服务设施，增强各个区域之间的联系，满足基地需求。

绿网生态——顺应周边山水生态格局，建立基地内部绿网系统，设计多个开放节点，将建筑作为景观的一部分，强调城市与自然的和谐关系。

公共场所——以点式布置的公共空间带动小片区活化，加强基地内的主要活动聚集点相互联系。

混合居住——用小组团分割基地现状集聚的大居住社区，形成多个尺度适宜的居住小组团，完善居住配套设施，构建新的邻里关系。

多维度活动策划

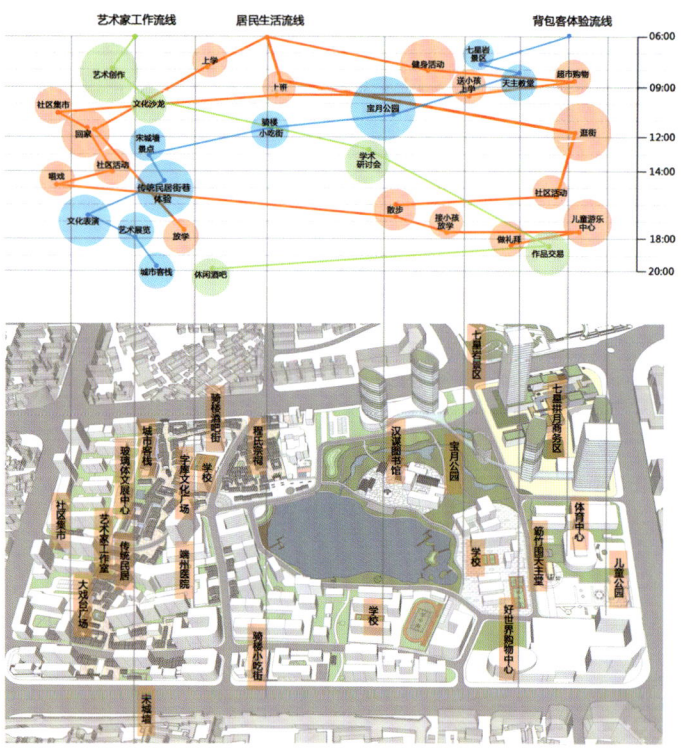

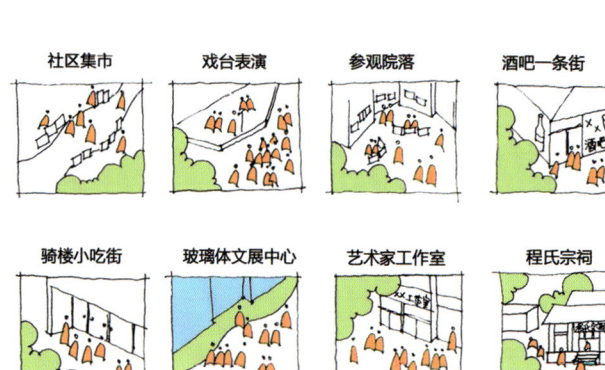

规划系统分析

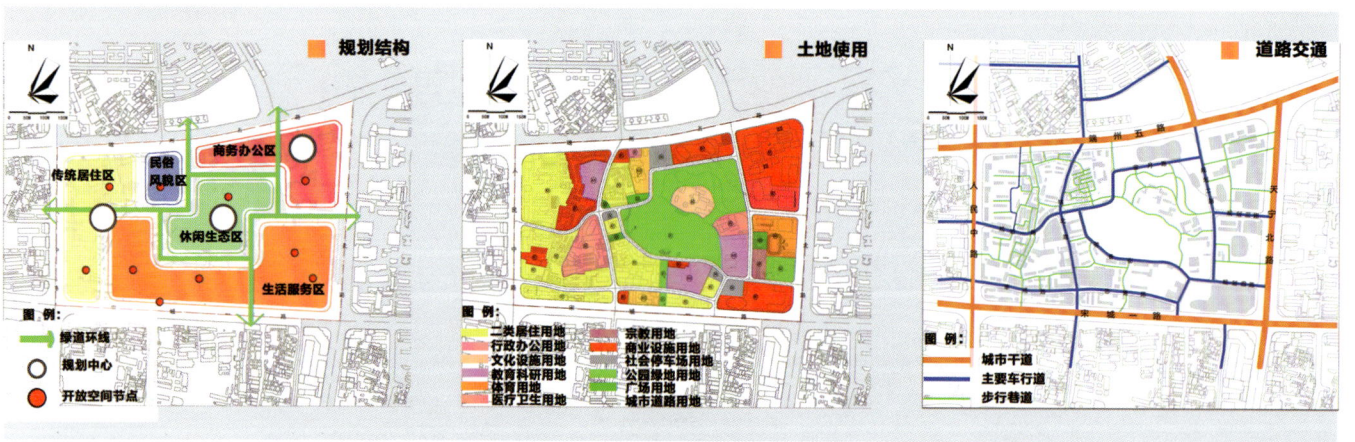

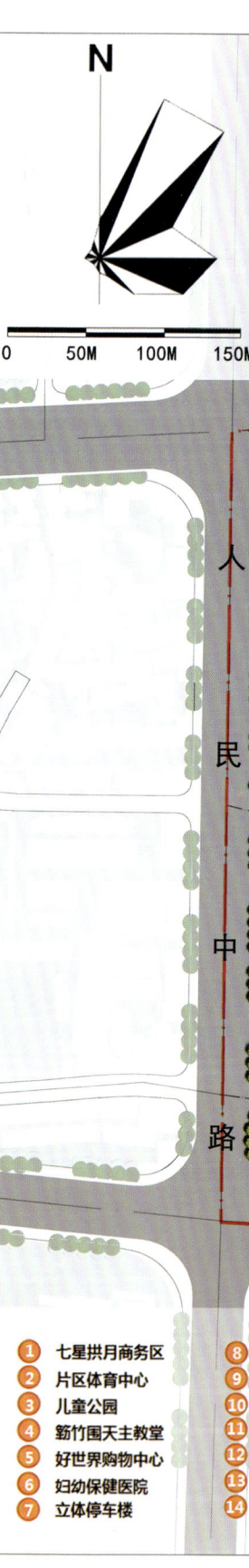

鸟瞰图

宝夕湖上泛涛莲，
常有新鸾夜未眠。
缭绕荷香憎欲醉，
恰如并蒂水中莲。

宝夕湖·鸾曲

多样化岸线设计

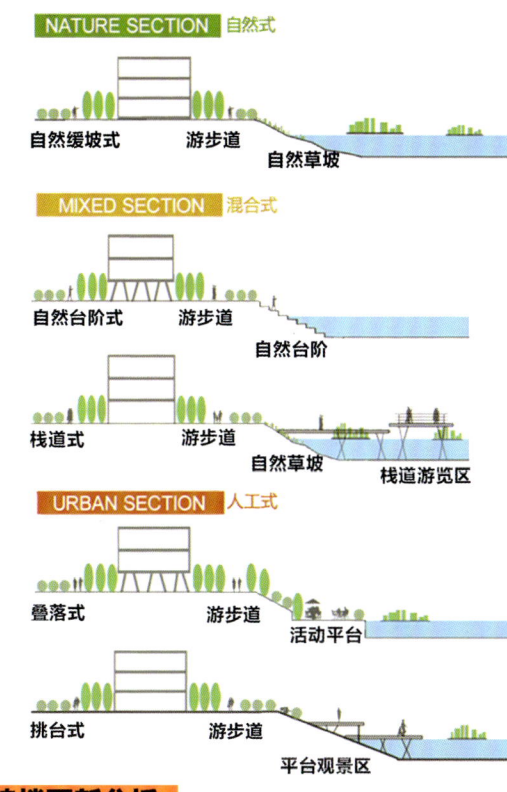

NATURE SECTION 自然式
- 自然缓坡式
- 游步道
- 自然草坡

MIXED SECTION 混合式
- 自然台阶式
- 游步道
- 自然台阶

- 栈道式
- 游步道
- 自然草坡
- 栈道游览区

URBAN SECTION 人工式
- 叠落式
- 游步道
- 活动平台

- 挑台式
- 游步道
- 平台观景区

骑楼更新分析

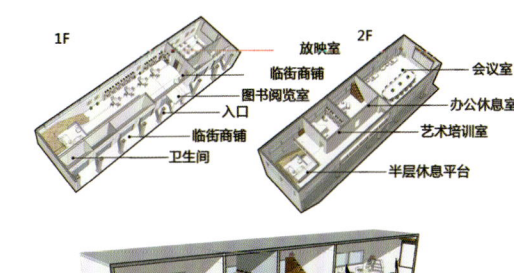

骑楼更新透视图

四校联合毕业设计
广东省肇庆市宝月台塘片区旧城更新城市设计

丰富滨水活动

更新前	更新后	具体做法
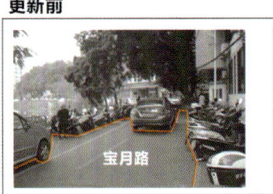 宝月路		1.软化原车行道宝月路; 2.保留基地内古树井增加绿化; 3.净化水质,规划视线节点空间
 平安曲艺社		4.拆迁破旧曲艺社并入图书馆片区文展中心; 5.设计滨水观演台阶; 6.开放汉谋图书馆、老年人活动中心,形成公园内文化小组团
 公园围墙		7.拆除公园围墙以景墙代替; 8.设计公园内环形水道,活化公园景观
 活动广场		9.设计滨水风雨广场和景观长廊,丰富公园景观层次,为居民活动提供优质公共空间

组织丰富的滨水活动

七星商务区剖面图

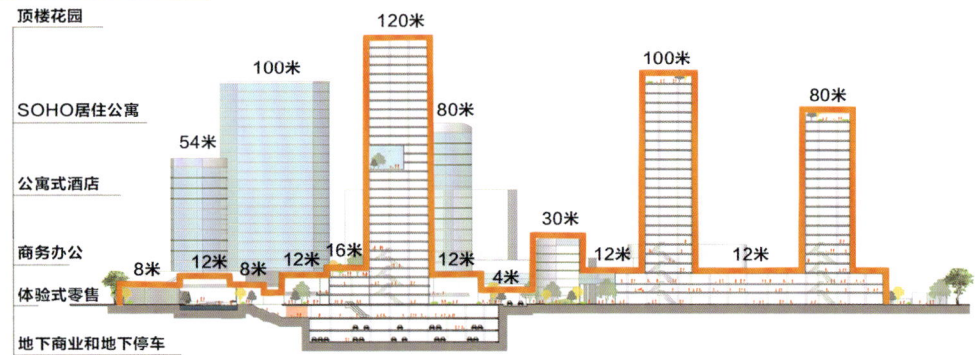

多层次可体验商务空间

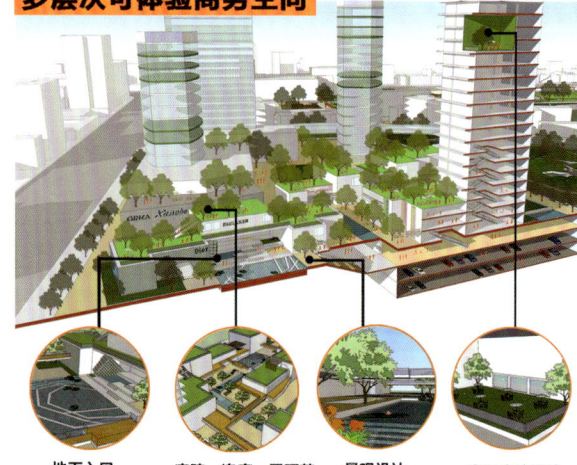

地下入口空间设计　庭院、连廊、屋顶花园多维度空间设计　景观设计　高层庭院设计

民俗街区界面更新

画廊小院　艺术品小摊　画廊　民俗展览馆　涂鸦墙　入口牌坊　游客接待中心

节点透视

在这里,新旧交融,记忆共存。

在这里,活力四射,生生不息。

城北路更新图

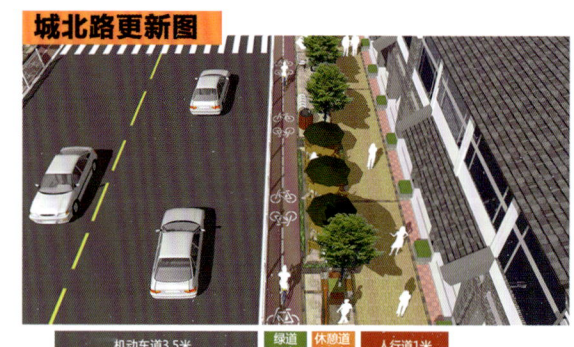

机动车道3.5米　绿道1米　休憩道0.5米　人行道1米

城市客栈剖透

体验式商业场所展现

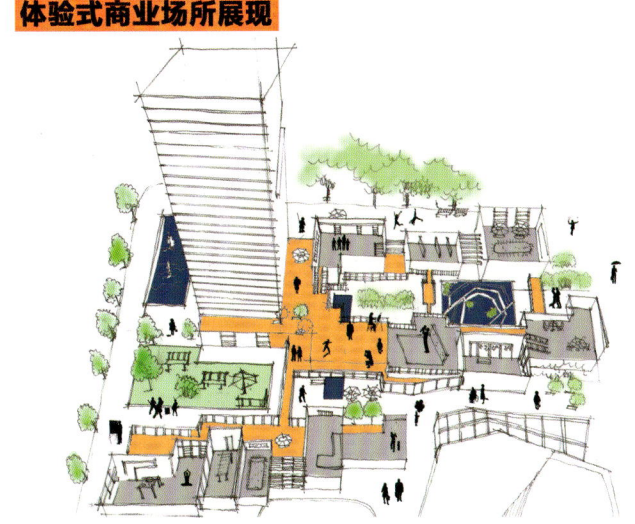

四校联合毕业设计
广东省肇庆市宝月台塘片区旧城更新城市设计

民俗街区新生活展现

针对基地内的老建筑进行功能改造置换，形成多种院落空间，丰富街道界面层次，为不同人群活动提供公共场地，大面积保留居住的同时，植入文化创意商业店铺，以点式活力空间带动片区活力复兴。

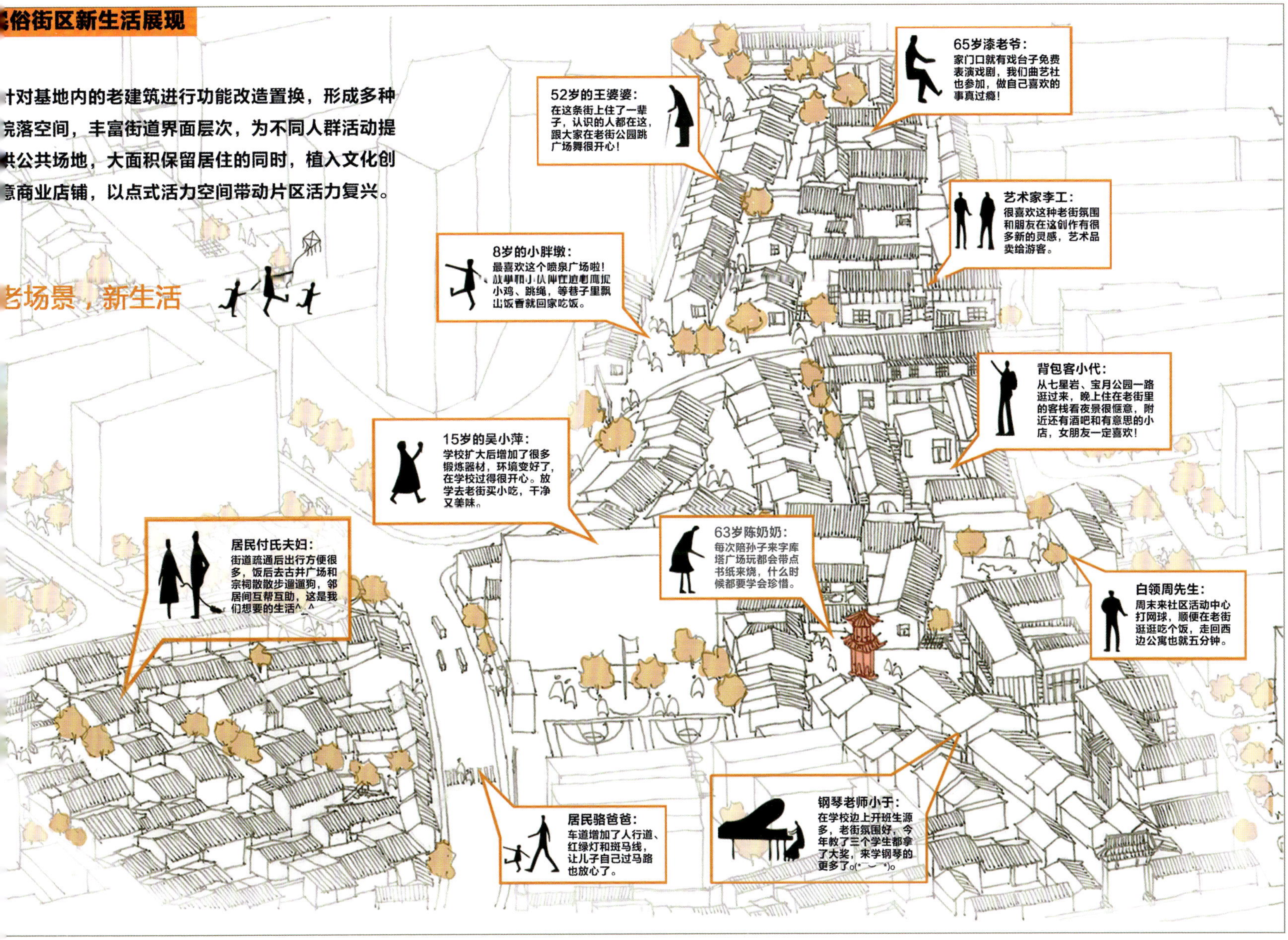

老场景，新生活

65岁漆老爷： 家门口就有戏台子免费表演戏剧，我们曲艺社也参加，做自己喜欢的事真过瘾！

52岁的王婆婆： 在这条街上住了一辈子，认识的人都在这，跟大家在老街公园跳广场舞很开心。

艺术家李工： 很喜欢这种老街氛围和朋友在这创作有得多新的灵感，艺术品卖给游客。

8岁的小胖墩： 最喜欢这个喷泉广场啦！放学和小伙伴挂追老鹰捉小鸡、跳绳，等巷子里飘出饭香就回家吃饭。

背包客小代： 从七星岩、宝月公园一路逛过来，晚上住在老街里的客栈看夜景很惬意，附近还有酒吧和有意思的小店，女朋友一定喜欢！

15岁的吴小萍： 学校扩大后增加了很多锻炼器材，环境变好了，在学校过得很开心。放学去老街买小吃，干净又美味。

居民付氏夫妇： 街道疏通后出行方便很多，饭后去古井广场和宗祠散步遛遛狗，邻居间互帮互助，这是我们想要的生活^_^

63岁陈奶奶： 每次陪孙子来字库塔广场玩都会带点书纸来烧，什么时候都要学会珍惜。

白领周先生： 周末来社区活动中心打网球，顺便在老街逛逛吃个饭，走回西边公寓也就五分钟。

居民骆爸爸： 车道增加了人行道、红绿灯和斑马线，让儿子自己过马路也放心了。

钢琴老师小于： 在学校边上开班生源多，老街氛围好，今年教了三个学生都拿了大奖，来学钢琴的更多了o(*￣︶￣*)o。

33

设计题目：
广东省肇庆市宝月台塘片区旧城更新城市设计

指导教师：赵炜
作　　者：付聪聪　于思远　次仁措姆
学　　校：西南交通大学

区位分析

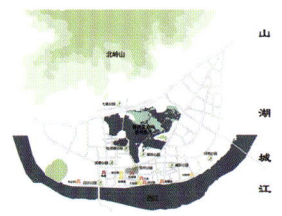 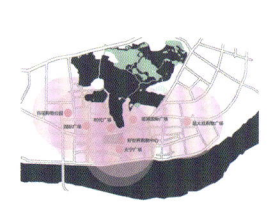 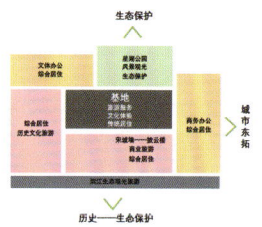

广州省肇庆市位于广东省中部偏西，西江中下游北岸，属于珠江三角洲经济范围，也是广佛肇经济圈的城市之一。肇庆市距广州90多公里，距深圳200多公里，是重要交通枢纽。

规划区在端州区核心位置，背靠宋城墙。位于西江北岸，规划区向北背靠北岭山，东面为鼎湖山，由北向南依次形成"山、湖、城、江"的特殊格局。同时，"两道一路"（国道321、国道324、三茂铁路）的便利交通条件，为以"背山、面江、邻岩、环湖"为天然优势的基地提供了新的发展机遇。

设计说明

1. 首先将基地及其周边的基本活力元素："江、岩、湖、城、巷"进行提取，串联成网络。
2. 进而根据所得的活力元素对规划区的影响程度，将规划区进行活力区域划分，形成多个活力片区，并使每个片区融合、呼应与之相对应的活力元素。
3. 继而根据活力元素、活力网络、活力片区综合作用，提升规划区整体的活力。
4. 最终，规划区通过融合"江、岩、湖、城、巷"形成一个整体，达到我们"融城触景、活街串巷"的最终目标。

技术路线

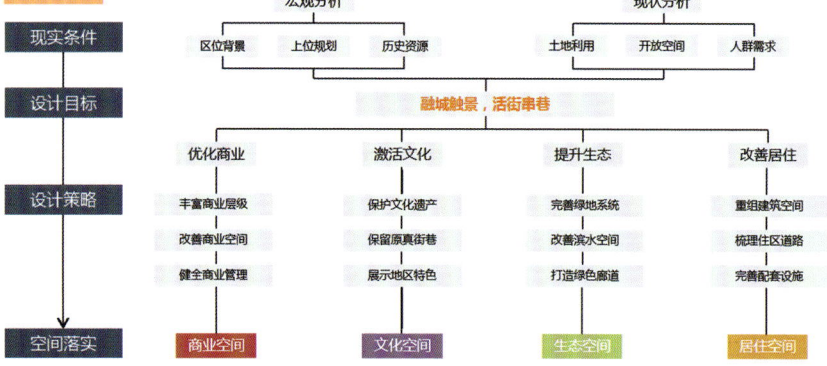

活动策划

目标定位

通过分析定位，打造休闲、文化、生态为一体的城市街区，确定目标：构建居游共享的活力街区。

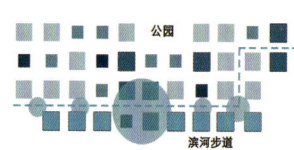

用地现状图

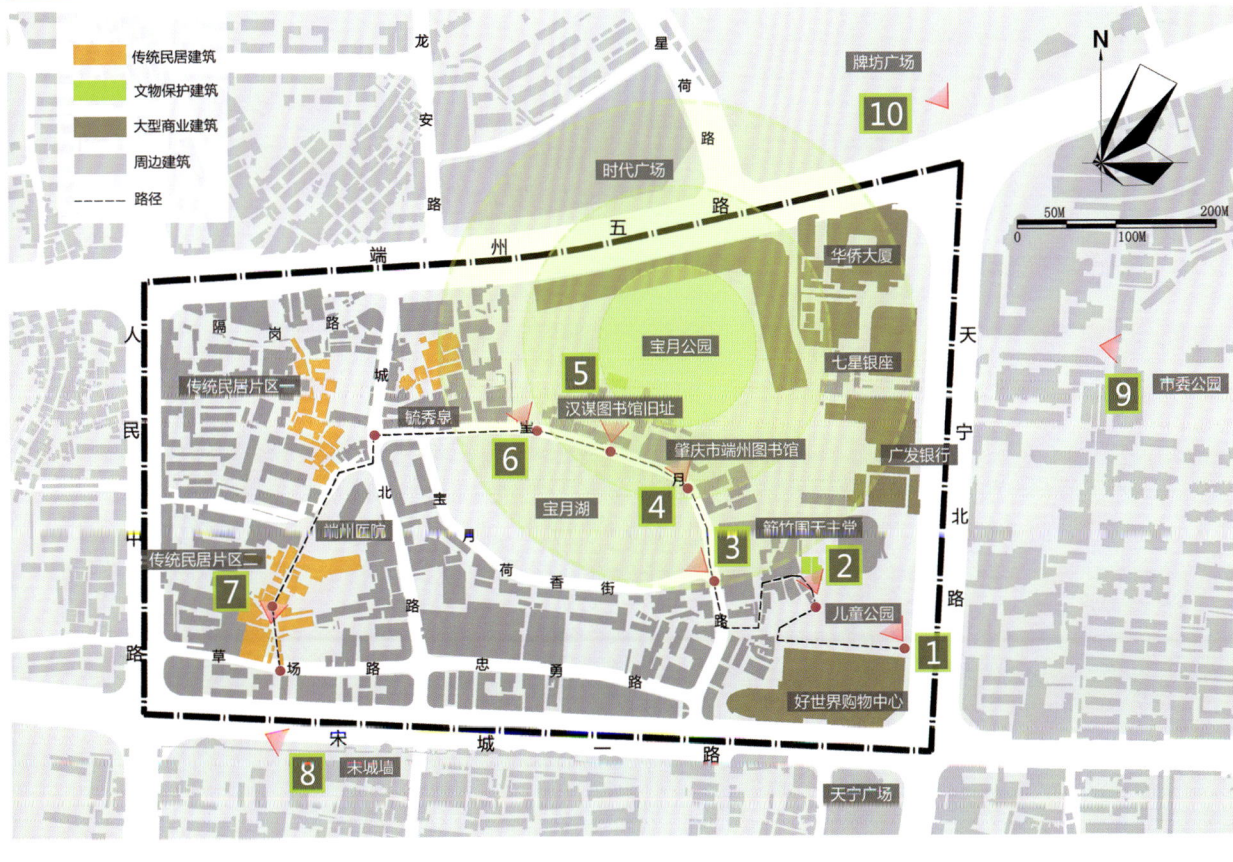

图例:
- 传统民居建筑
- 文物保护建筑
- 大型商业建筑
- 周边建筑
- 路径

1 儿童公园 2 箣竹围天主堂
3 宝月湖 4 肇庆市端州图书馆
5 汉谋图书馆旧址 6 宝月公园
7 传统民居街巷 8 宋城墙
9 市委公园 10 牌坊广场

基地概况

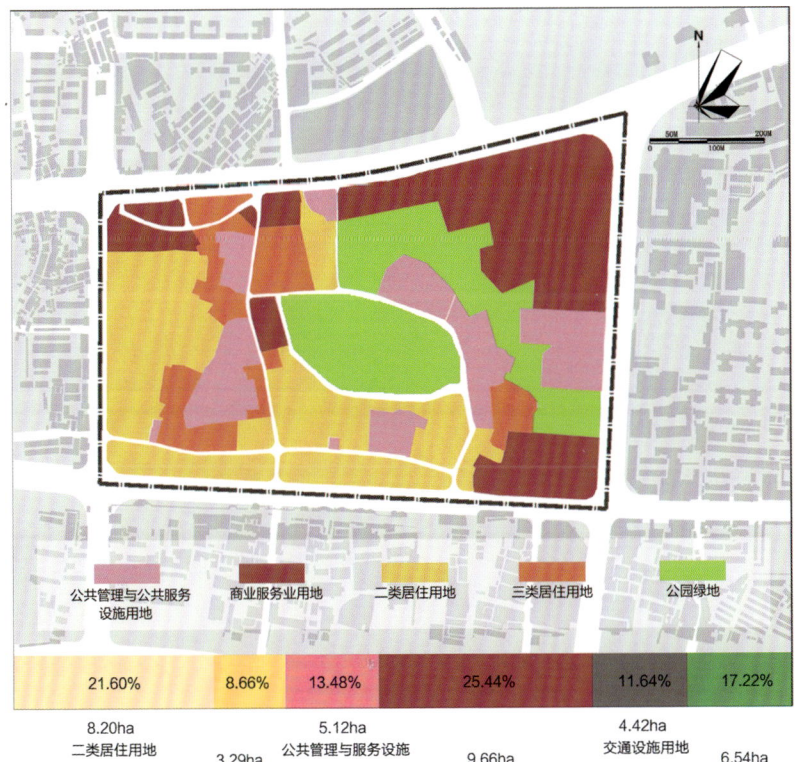

比例	面积	用地
21.60%	8.20ha	二类居住用地
8.66%	3.29ha	三类居住用地
13.48%	5.12ha	公共管理与服务设施
25.44%	9.66ha	商业服务设施用地
11.64%	4.42ha	交通设施用地
17.22%	6.54ha	公园绿地

1、规划区现状商业商务与公共服务设施比重较高，分别占城市建设用地25.44%、13.48%。主要集中在天宁北路与端州五路两侧，多为底层商铺，业态复杂多样。

2、居住用地占城市建设用地21.60%，主要分布在规划区西部和南部两侧，主要为旧城镇住宅楼，南部多数质量较为良好，西部存在部分破旧甚至废弃民居。

现状土地使用统计表

用地代码		用地名称	面积（公顷）	占建设用地比例
R		居住用地	12.23	32.21
	R2	二类居住用地	8.2	21.6
	R22	幼儿园用地	0.74	1.95
	R3	三类居住用地	3.29	8.66
A		公共管理与公共服务设施用地	5.12	13.48
	A1	行政办公用地	0.37	0.97
	A2	文化设施用地	0.66	1.74
	A33	中小学用地	1.45	3.82
	A4	体育用地	1.24	3.27
	A5	医疗卫生用地	1.4	3.69
B		商业服务业设施用地	9.66	25.44
	B1	商业用地	8.9	23.44
	B2	商务用地	0.75	1.98
	B3	康体娱乐用地	0.01	0.03
S		道路与交通设施用地	4.42	11.64
	S1	城市道路用地	4.42	11.64
G		绿地与广场用地	6.54	17.22
	G1	公园绿地	6.54	17.22
城市建设用地			37.97	100

建筑性质

图例: 居住建筑, 学校建筑, 商业建筑, 文物古迹, 商住建筑, 公服建筑

建筑层数

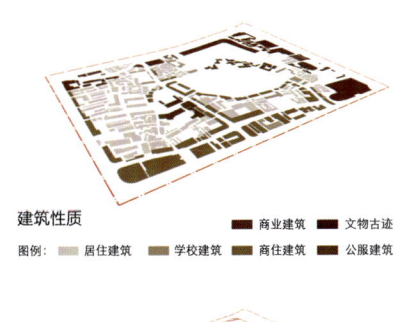

图例: 1-3层建筑, 4-6层建筑, 7-9层建筑, 10-15层建筑, 15层以上建筑

建筑质量

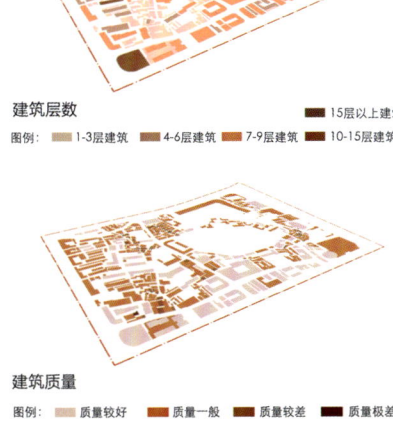

图例: 质量较好, 质量一般, 质量较差, 质量极差

广东省肇庆市宝月台塘片区旧城更新城市设计
四校联合毕业设计

街巷空间分析

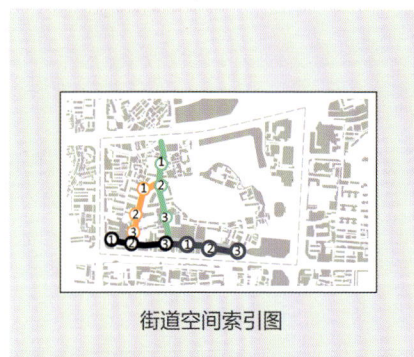

街道空间索引图

基地内街巷多数已经随着城市发展以及无序建设失去了原有的适宜空间尺度，都比较封闭、压抑，部分传统街巷保有最佳尺度，活力较好，人群活动较多。基地内的停车场主要以私人停车场为主，部分停车场为建筑的前广场，公共停车场稀少。除此之外，基地内路边停车比较严重，对于人流、车流等都有一定的影响。

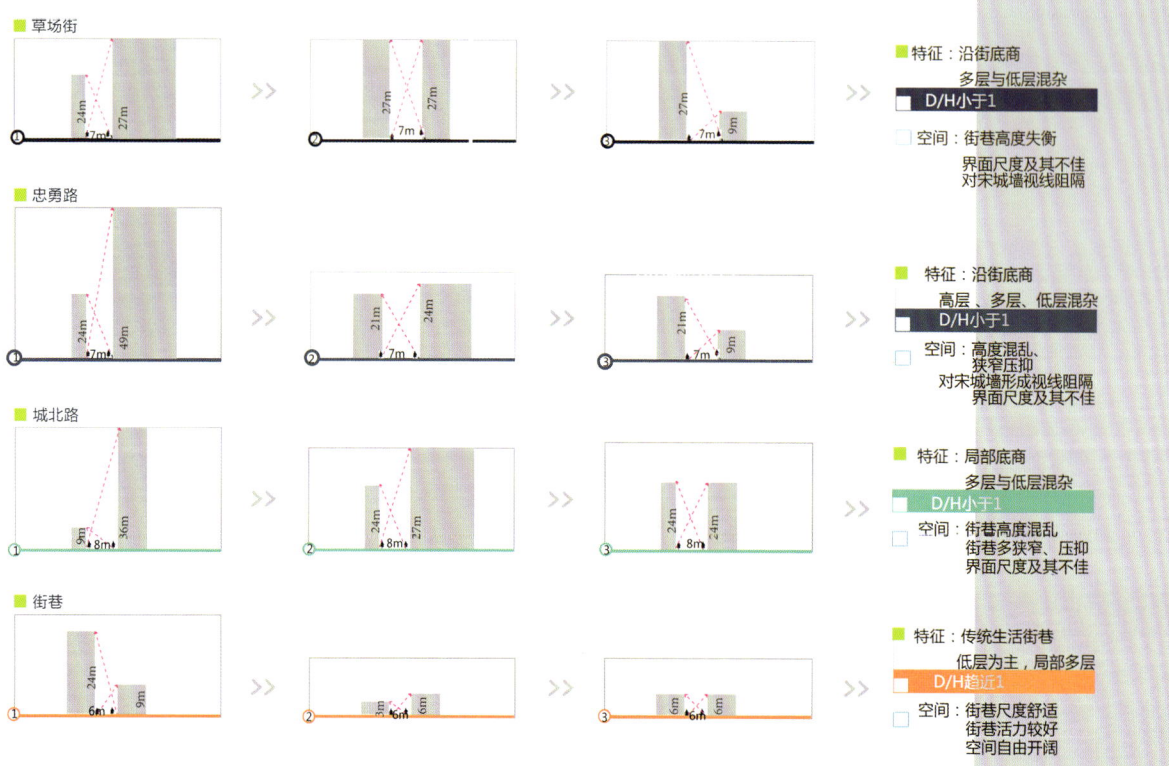

人群需求分析

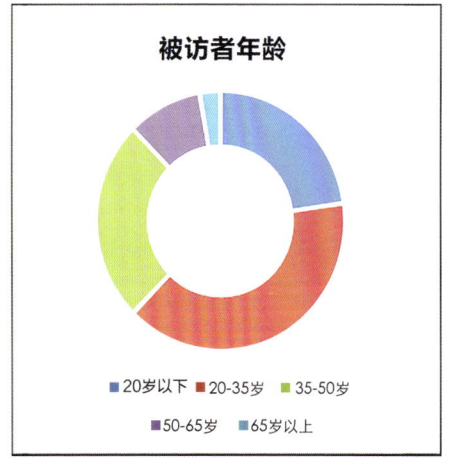

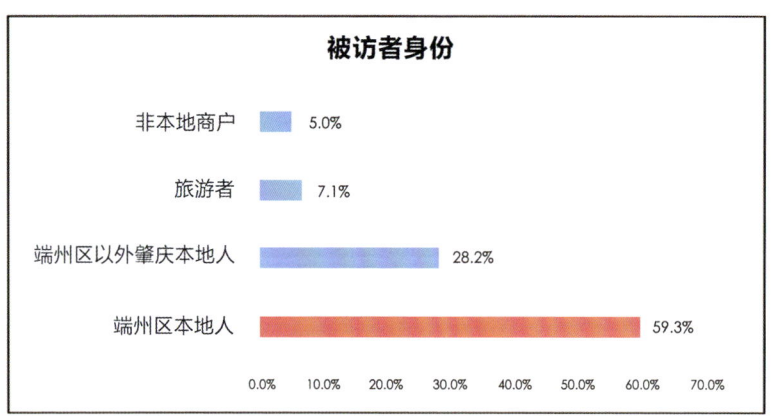

基地中人群类型多样，包括不同年龄段的居民，以及游客、服务者等。

根据不同的人群类型对公共空间的需要不同，本次城市更新设计主要对不同人群所需要的不同公共生活进行梳理、整合，最后形成舒适的点、线、面状空间，供不同人群使用，满足人群的多样化需求，打造适宜居住和游憩的空间。

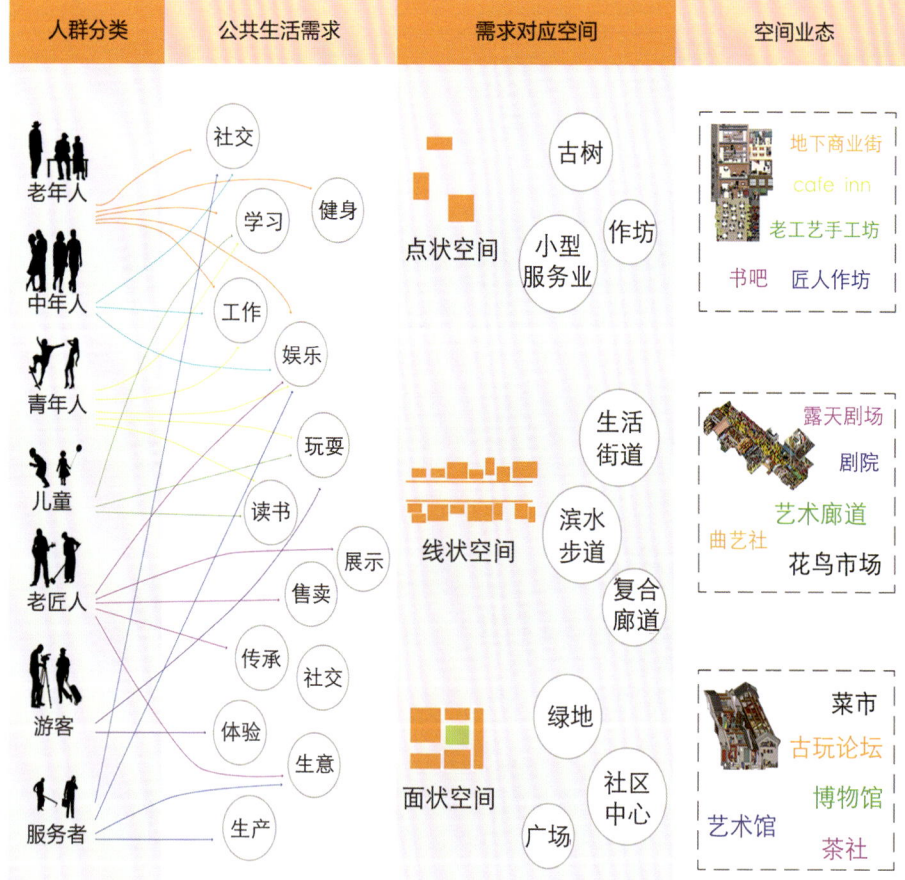

设计策略

提取活力空间的活力要素

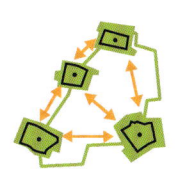
各个活力空间互相作用

引入新的活力元素作用周边

新旧活力元素共同作用相互影响

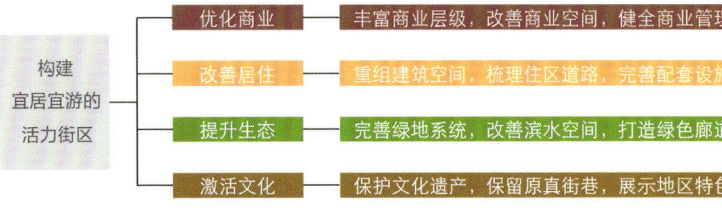

构建宜居宜游的活力街区
- 优化商业：丰富商业层级，改善商业空间，健全商业管理
- 改善居住：重组建筑空间，梳理住区道路，完善配套设施
- 提升生态：完善绿地系统，改善滨水空间，打造绿色廊道
- 激活文化：保护文化遗产，保留原真街巷，展示地区特色

商业活力提升策略

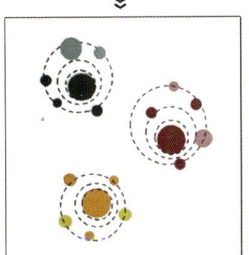
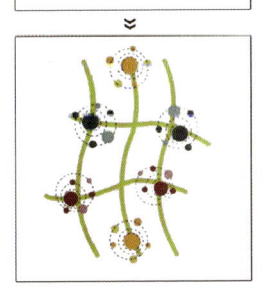

丰富商业层级
- 零星商业
- 小型商业街
- 大型商业办公综合体

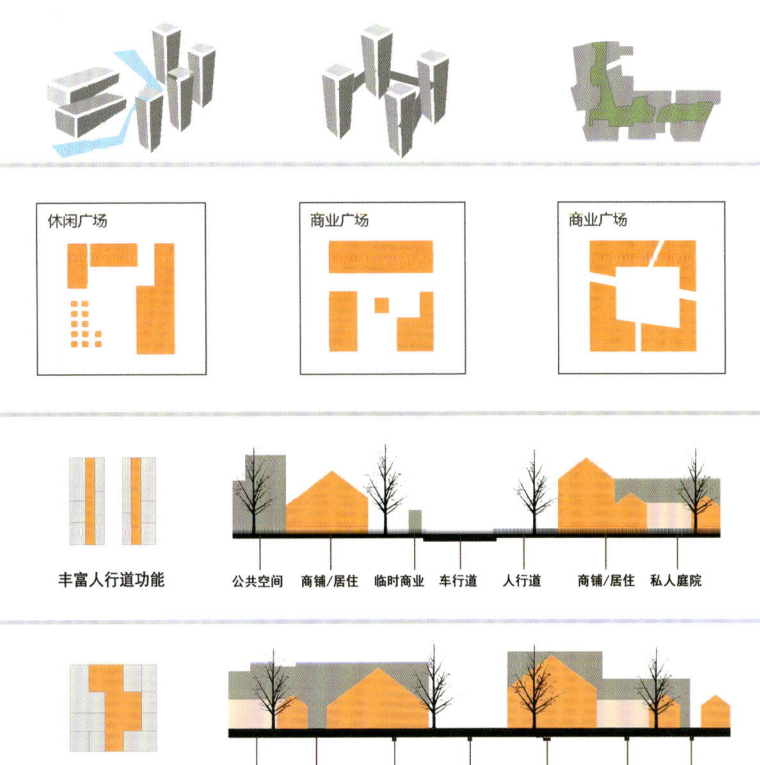

休闲广场　商业广场　商业广场

丰富人行道功能：公共空间 商铺/居住 临时商业 车行道 人行道 商铺/居住 私人庭院

改善街道商业环境：私人庭院 宅间巷道 居住/店铺 步行道 店铺/居住 私人庭院 巷道

利用水体和绿化点级商业空间，形成绿色走廊。拆除多余体量，打造开阔的视觉空间。

形成多样化的广场空间，休闲广场与商业广场间隔布置，通过围合方式的差异形成风格各异的广场空间。

丰富人行步道的功能，建造适宜步行的功能尺度，设置绿化带，并增加休憩空间。

改善商业空间环境，植入绿化，并配合绿化设置人行廊道，合理利用树下空间和草坪。

文化活力提升策略

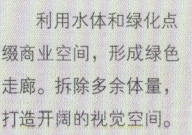

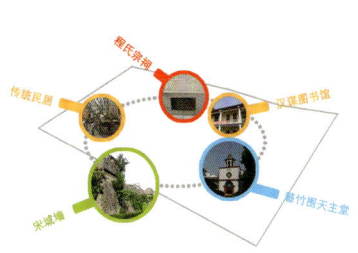

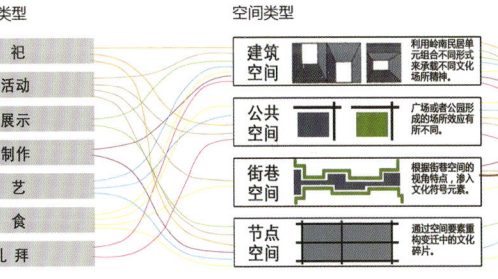

文化类型：祭祀 / 民俗活动 / 非遗展示 / 工艺制作 / 曲艺 / 饮食 / 做礼拜

空间类型：建筑空间 / 公共空间 / 街巷空间 / 节点空间

故事事情：品尝当地特色美食 / 逛市集，买特产 / 和朋友喝茶，听戏 / DIY当地手工艺作品 / 参观，拍照，留念 / 教堂做礼拜 / 烧香拜佛，许愿

美好愿望

根据现状的文化元素，提取出文化活力空间，形成文化结构环路。

根据所得到的文化结构环规划活动类型和相关的空间类型，得到故事事件，通过美好的愿景即文化环规划的目标。

重要的文化建筑，进行修缮、重建，力求复原其本来面貌，通过再建吸引人气，达到提升文化活力的作用。

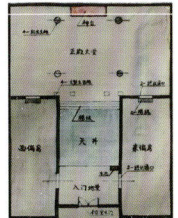

居住活力提升策略

拆除传统建筑中的搭建乱建破旧及有违风貌的部分，增加新建筑，还原建筑肌理。

重组居住空间，消除大尺度肌理，并对不合理的大体量空间进行合并再分，使空间尺度适宜。

传统建筑

拆除	增加	植入	置换
	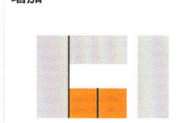		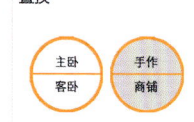
拆除临时搭建，违背风貌	增加建筑，还原肌理	传统空间植入现代空间	居住功能与商业功能置换

现代建筑

重组	消解	创新

现代住区负空间的重组	大尺度肌理的消解	内部空间进行再划分

对车型街巷和人行街巷进行分类改造。

对狭窄的车行街巷进行拓宽，并打通相近道路分流车行。拓宽和打通人行通道，重组步行空间，形成适宜的街巷尺度。

车行街巷

拓宽	打通	禁止
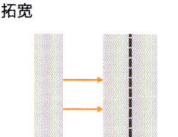		

人行街巷

拓宽	打通	重组	出入口
			 车行  人行

规划分析人群活动特征，根据活动性质区分活动空间，对空间进行规划和再建。对优质空间进行保护和发掘，对劣质空间进行拆除和重组。

公共活动

文保范围	现状广场	古树
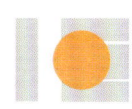		

组团活动

组团中心

院落活动

拆除乱建	重组院落	新建合院

生态活力提升策略

结合现状环境特征，以强化生态为目标，倾力打造视线通透、环境优美的绿色廊道体系。加入水系，环绕水系形成廊道。

通过构建绿色廊道，将基地内散点布置的块状绿地连接起来，以形成绿地系统，提升整体活力。水系结合廊道和散点绿地，形成统一整体。

"湖景"结合"园景"通过水系连接"岩景"，大区域上形成一个连续的邻水空间走廊。

打破湖边硬质界线，形成多样化的岸线景观，并增加湖岸绿化面积和绿化种类。

通过规划宝月湖南岸，形成自然缓坡、台阶或挑台，为居民生活提供丰富的滨水活动空间。

人工化	僵化	孤立
		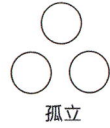

自然式	灵活	联系
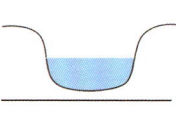		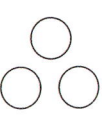

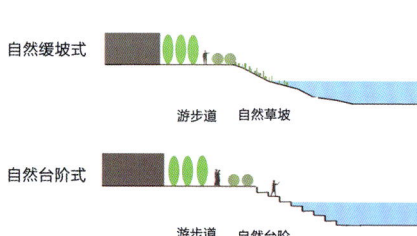

自然缓坡式 — 游步道　自然草坡

自然台阶式 — 游步道　自然台阶

挑台式 — 游步道　平台观景区

街巷空间分析

建筑肌理

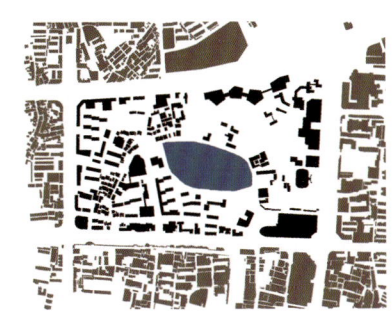

广东省肇庆市宝月台塘片区旧城更新城市设计
四校联合毕业设计

图例：
1. 酒店公寓
2. 城市客栈
3. 传统民居
4. 酒店公寓
5. 字庙塔
6. 内州
7. 程氏宗祠
8. 展览馆
9. 文化馆
10. 图书馆
11. 商业综合体
12. 廊桥商业街
13. 商务办公
14. 箩竹园天主堂
15. 美食街
16. 特色商业街

规划用地统计表

用地代码			用地名称	用地面积(hm²)	占城市建设用地比例(%)
大类	中类	小类			
R			居住用地	8.65	0.23
	RB		商住混合用地	3.52	0.09
	R2		二类居住用地	5.13	0.13
		R21	住宅用地	4.50	0.10
		R22	服务设施用地	0.63	0.02
A			公共管理与公共服务设施用地	7.99	0.19
	A1		行政办公用地	0.21	0.01
	A2		文化设施用地	0.93	0.02
		A21	图书展览设施用地	0.82	0.02
	A3		教育科研用地	2.72	0.07
		A33	中小学用地	2.72	0.07
	A4		体育用地	0.60	0.02
		A41	体育场馆用地	0.60	0.02
	A5		医疗卫生用地	2.23	0.06
		A51	医院用地	2.23	0.06
	A9		宗教用地	0.51	0.01
B			商业服务业设施用地	8.43	0.22
	B1		商业用地	8.00	0.21
	B9		其它服务设施用地	0.43	0.01
S			道路与交通设施用地	6.50	0.17
	S1		城市道路用地	6.11	0.16
	S4		交通场站用地	0.39	0.01
		S42	社会停车场用地	0.39	0.01
G			绿地与广场用地	7.37	0.19
	G1		公园绿地	6.49	0.17
	G3		广场用地	0.89	0.02
H11			城市建设用地	38.04	1.00
			总用地	38.04	1.00

方案生成

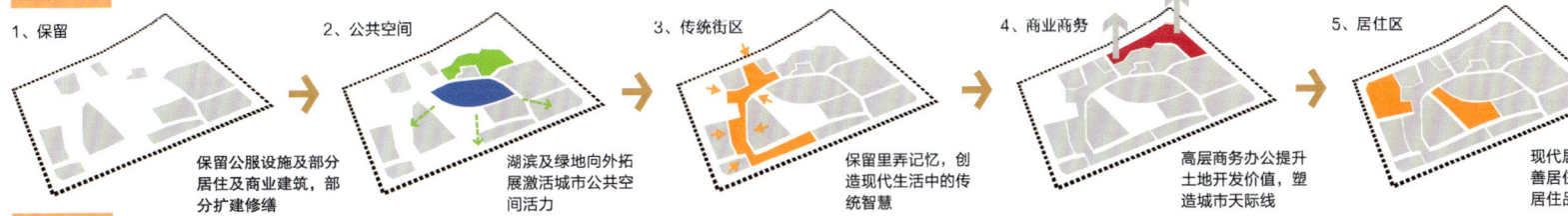

1、保留 — 保留公服设施及部分居住及商业建筑，部分扩建修缮
2、公共空间 — 湖滨及绿地向外拓展激活城市公共空间活力
3、传统街区 — 保留里弄记忆，创造现代生活中的传统智慧
4、商业商务 — 高层商务办公提升土地开发价值，塑造城市天际线
5、居住区 — 现代居住小区，改善居住环境，提升居住品质

规划结构

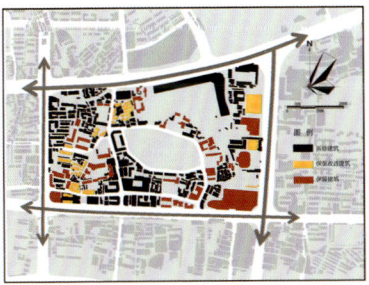

建筑保护与更新
规划拆除基地内建筑质量较差的居住和废弃的商业建筑，保留传统民俗居住，并对其周边的部分建筑进行了改造。

规划结构
形成以宝月湖、宝月公园为绿化核心，由文化环路、商业环路组成的"一心两环"的规划结构。

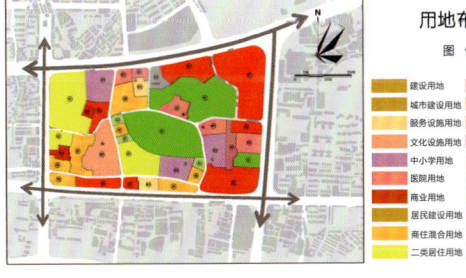

用地布局
图例：建设用地、城市建设用地、服务设施用地、文化设施用地、中小学用地、医院用地、商业用地、居民建筑用地、商住混合用地、二类居住用地、公园绿地、行政办公用地、展览设施用地、体育场馆用地、宗教设施用地、旅馆用地、社会停车场用地、广场用地、商业服务业用地、其他服务用地

道路交通系统规划
车行道路体系包括基地四周的城市主干道及内部的城市支路。步行道路体系则主要由商业及景观步行轴构成。

绿地系统与景观规划
通过基地内部的景观营造，构建绿地与景观系统的基础骨架。链接主、次景观节点，组团绿化，优化整体绿地景观结构。

开发强度
基地内靠近宝月湖的大部分建筑组团的开发强度普遍较低，而基地东部建筑组团的强度适中，开发强度最高的为基地东北部及东南部的商业建筑组团。

39

人群活动流线

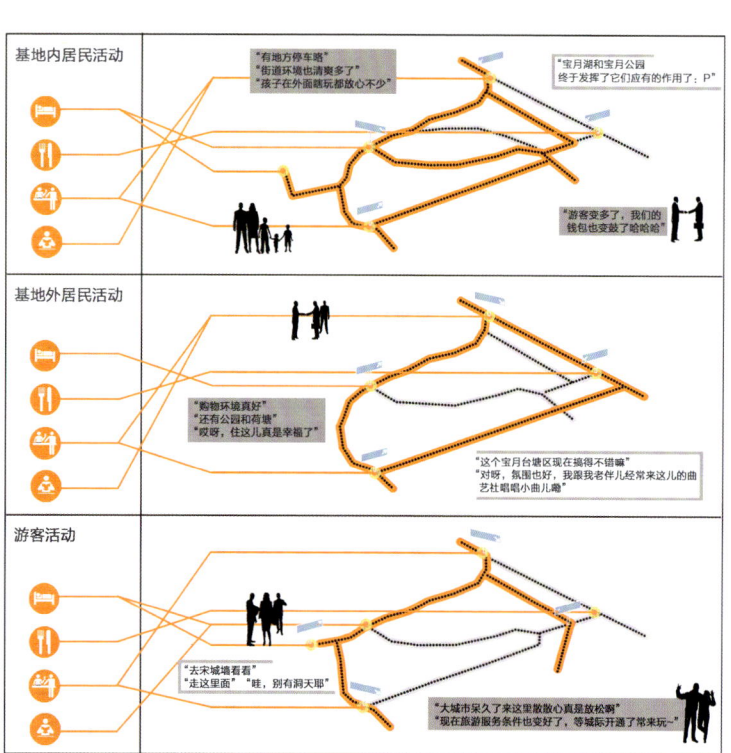

活力带地图

根据两大结构环——文化环和商业环，形成活力带，通过活力带上各个活力空间以及活力点的共同作用，进而带动片区的整体活力提升。

具体活力点分类如下：
1. 廊桥商业、商务综合体、综合商业
2. 宝月公园
3. 文化展览馆、汉谋图书馆
4. 字库塔、牌坊广场、古井、程氏祠堂
5. 城市客栈、古树空间、传统商业
6. 传统民居
7. 特色商业
8. 宝月湖
9. 儿童公园、美食一条街、好世界购物中心
10. 天主教堂

手绘透视图

鸟瞰图

商业综合体

湖中亭

天主教堂

传统街区

融城1

融合城市需求，立足发展，依托天宁北路和端州五路，形成主要的城市界面，通过大体量商业商务综合体的建设，形成端州区地标性建筑片区。

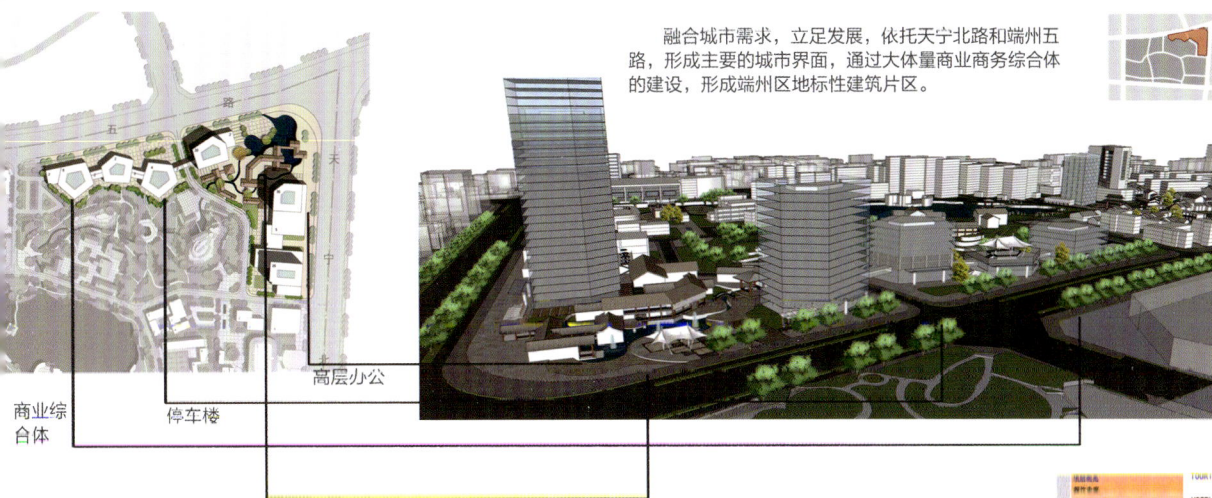

商业综合体　停车楼　高层办公　回廊商业

触景1

打通"园景"周边的城市界面，形成多层次景观，增加绿化面积和绿化种类，提高生物多样性，并通过绿化走廊和斑块，呼应"岩晕"，形成一个区域范围的浏览走廊。

对端州五路的商务综合体进行垂直业态复合分析，丰富业态层级，丰富商业空间的使用性质。

对回廊商业进行剖面分析，探讨立体空间中连续步行的形成方式与合理空间尺度的围合形式。

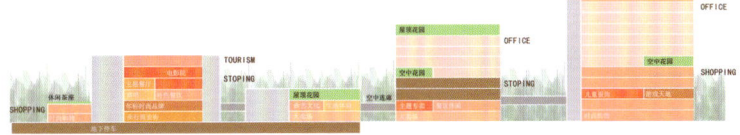

综合垂直业态复合

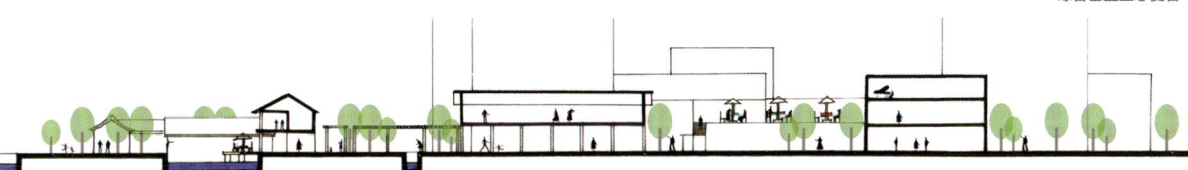

A-A剖面图

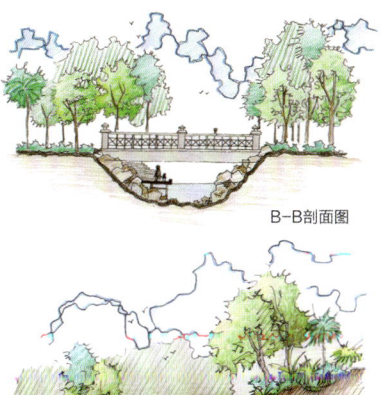

B-B剖面图

C-C剖面图

D-D剖面图

融城2

结合活力元素——古城墙，进行立面设计，形成呼应古城、融合新城的特色片区。降低高度，形成低密度的建筑群体，注入骑楼元素，作为对接古城、连接新城的门面入口。

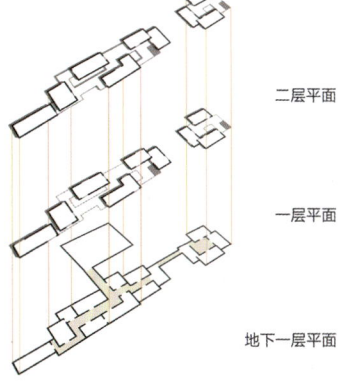

二层平面
一层平面
地下一层平面

广东省肇庆市宝月台塘片区旧城更新城市设计
四校联合毕业设计

41

夜景透视

打破原有街巷尺度，对文化节点——教堂，进行了大胆处理，形成了开阔的街巷空间。结合周边其他街巷，于视线的汇集点处设立文化建筑，汇聚规划区内外人气。

活街2

"湖景"结合"园景"通过水系连接"岩景"，大区域上形成一个连续的邻水空间走廊。打破湖边硬质界线，形成多样化的岸线景观，并增加湖岸绿化面积和绿化种类。

活街1

文化街巷结合商业街巷，相互作用形成活力街区。充分尊重现状的基础上，进行修缮改造，通过小吃一条街的建设，形成吸引人气，具有活力的小尺度商业街。

串巷1

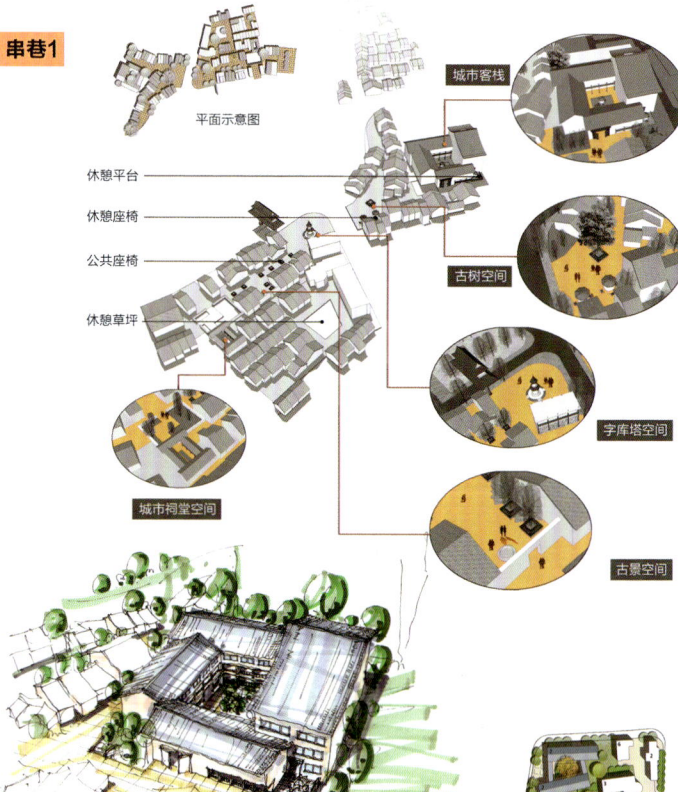

尊重原有街巷功能和风貌，融入新的功能：居住客栈、文化浏览、商业休闲等。通过多样化的功能体验，串联多个片区，形成连续的步行空间，带动周边活力。

串巷2

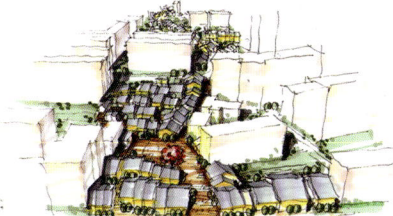

依托现有传统街巷，尊重传统居住风俗，形成串联"新旧"，融合"特色"的新型街巷空间。通过街巷的串联，将"居、景"相互融合，打破原有空间中居住与环境的隔阂，最终组成一个和谐统一的整体。

端州五路

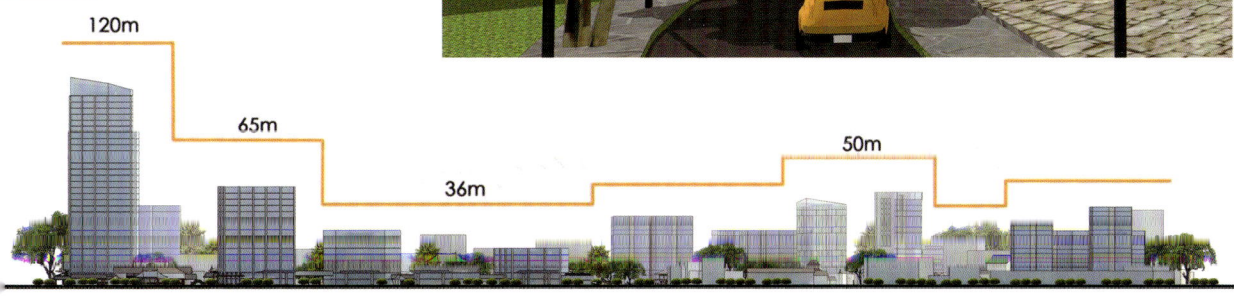

天宁北路

对街道空间进行整体处理，以天宁北路和端州五路为例，增加休憩空间，完善绿化走廊系统，绿化隔离机动车道与非机动车道，并增加骑楼、连廊、地下步行等元素，形成完整的步行系统。各元素配合城市界面，形成一个完整的道路体系。

四校联合毕业设计 广东省肇庆市宝月台塘片区旧城更新城市设计

设计题目：
广州省肇庆市宝月台塘片区旧城更新城市设计

指导教师： 赵炜
作　　者： 李想　刘健健　杜一同
学　　校： 西南交通大学

[历史解读] 肇庆市的发展

智慧的传承 ｜ 城市的更新

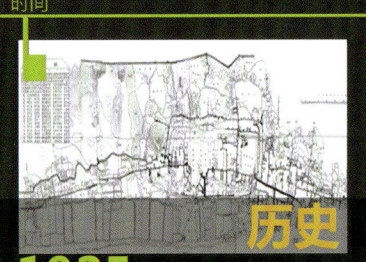
1925 历史

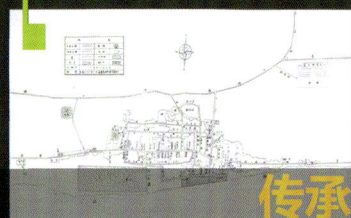
1937 传承

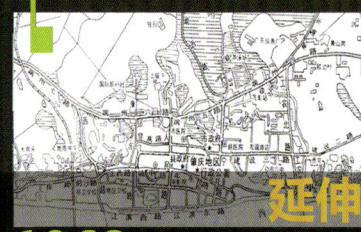
1962 延伸

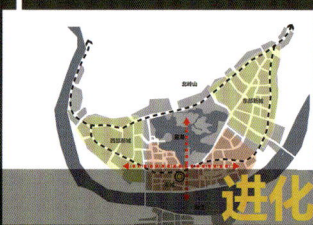
2015 进化

[区位分析]

| 宏观区位 | 中观区位 | 微观区位 | 城市公共空间 城市地标 开放！ |

[珠三角区域] 基地位于广东省中部偏西，西江中下游北岸，属于中三角洲区域。

[肇庆市域] 肇庆市域包括端州区、鼎湖区、开发区以及两市四县。端州区位于肇庆中部。

[周边环境] 规划区位于端州区中南部，北邻端州路、星湖景区，南靠宋城墙，环境宜人。

[发展分析]

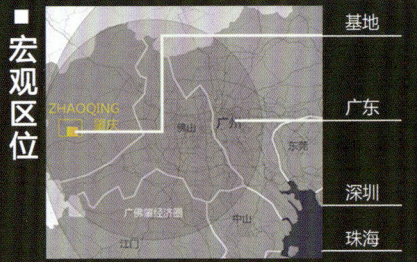
[经济发展] 经济产业发展以第三产业为主，其中旅游业占据较大比重。

[社会发展] 人民生活水平逐步上升，更加追求精神生活。

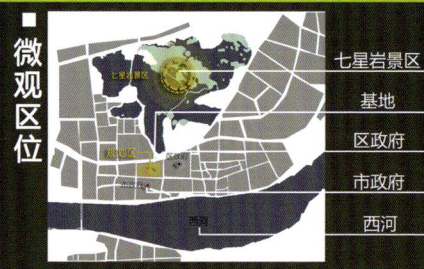
[文化发展] 文化发展越来越呈现出多元化的发展趋势。

城市公服核心　公服核心　核心！

[价值分析]

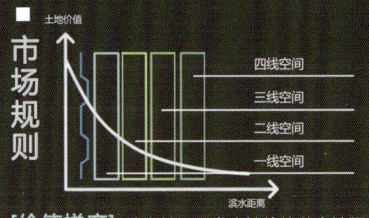
[价值梯度] 滨湖地区开发土地价值随土地距离水岸的距离而逐步下降。

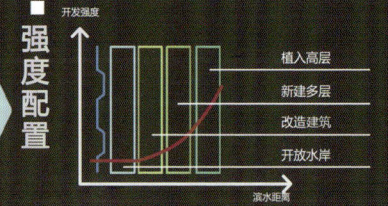
[强度补偿] 将价值最高的一线空间进行开放开发强度逐层升高。

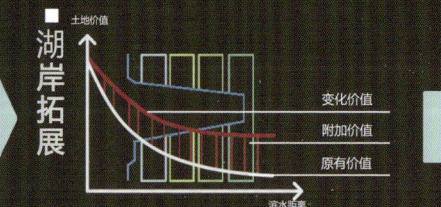
[价值提升] 将滨湖资源充分利用，形成围绕宝月湖的公共服务核心。

城市湖岸拓展　纵深发展　增值！

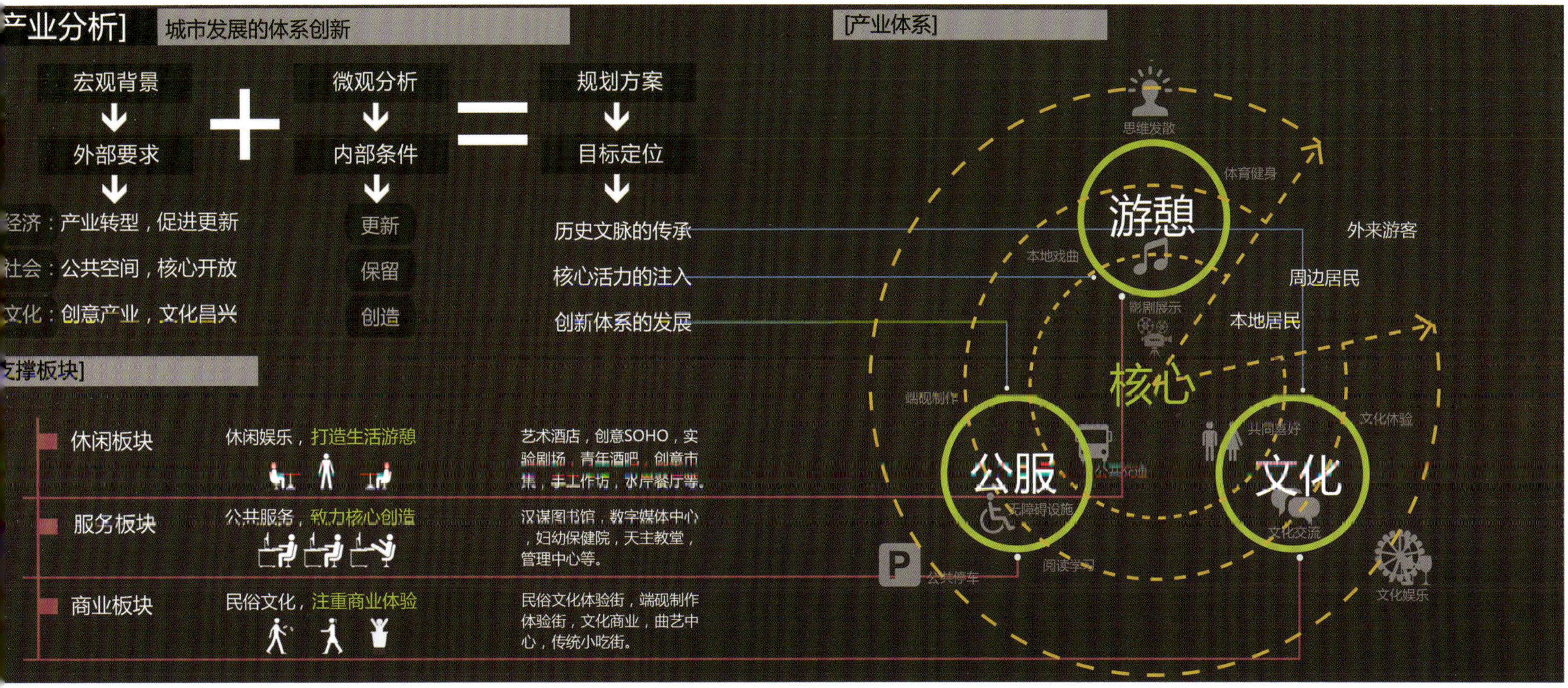

[产业分析] 城市发展的体系创新　　　　　　　　　　[产业体系]

宏观背景 + **微观分析** = **规划方案**

- 外部要求 → 内部条件 → 目标定位
- 经济：产业转型，促进更新
- 社会：公共空间，核心开放
- 文化：创意产业，文化昌兴

内部条件：更新、保留、创造

目标定位：
- 历史文脉的传承
- 核心活力的注入
- 创新体系的发展

[支撑板块]

板块	内容	描述
休闲板块	休闲娱乐，打造生活游憩	艺术酒店，创意SOHO，实验剧场，青年酒吧，创意市集，手工作坊，水岸餐厅等。
服务板块	公共服务，致力核心创造	汉谋图书馆，数字媒体中心，妇幼保健院，天主教堂，管理中心等。
商业板块	民俗文化，注重商业体验	民俗文化体验街，端砚制作体验街，文化商业，曲艺中心，传统小吃街。

核心圈层：游憩 — 公服 — 文化
（思维发散、体育健身、本地戏曲、影剧展示、端砚制作、公共接驳、无障碍设施、公共停车、阅读学习、外来游客、周边居民、本地居民、共同喜好、文化体验、文化交流、文化娱乐）

四校联合毕业设计　广东省肇庆市宝月台塘片区旧城更新城市设计

设计说明：

"生活之核·凝聚之力"的设计概念是我们通过对基地现状资源与问题的研判得出的，方案给予基地内居民的生活给予更多关注，并对居游平衡的更新目标作出尝试。我们通过对宝月公园、宝月湖、以及沿湖公服带的整合改造，在基地内构建一个绿地与公服设施相互渗透的居民生活核心；并沿天宁北路城市商业轴线塑造活力商业区，并沿端州路、宋城路形成本地特色的体验商业路径；基地西侧保留居住区和传统街巷，对环境和交通进行改造，保留居民传统记忆，空间上增加与宝月湖生活核心的联系，完成宝月台塘片区的更新。

规划理念：

方案试图在就旧城的生态与文化基底之中，创造"生活之核"。这种聚合是基于对片区现状资源与问题的研究，以及历史文脉的保留与更新。将新的空间组织植入传统生活区域中，将城市记忆延生到新的城市空间，探索从历史记忆到创新城市空间的组织模式。同时在业态层面同样试图通过在宝月台塘片区内置入各类公共服务、休憩空间，提升区域活力，带动商业服务业升级，触发整个地区的土地价值提升。

基地现状

1 儿童公园　2 箣竹围天主堂　3 宝月湖　4 肇庆市端州图书馆　5 汉谋图书馆旧址
6 宝月公园　7 传统民居街巷　8 宋城墙　9 市委公园　10 牌坊广场

45

设计题目：
广州省肇庆市宝月台塘片区旧城更新城市设计

指导教师：赵炜
作　　者：李想　刘健健　杜一同
学　　校：西南交通大学

[现状分析]

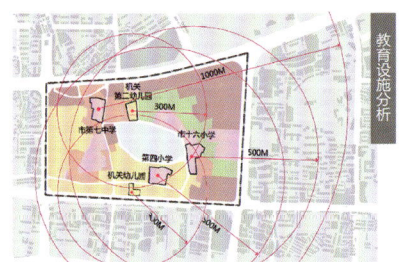

教育设施总量满足该片区需求，并承接了部分周边地区的教育功能；在片区来看**分布过于集中**；教育环境与**教育质量较好**，生源充足。大部分教育设施都存在**用地面积不足**的问题，但周边用地限制导致扩地较难。

医疗卫生设施**分布均匀**，**等级较高**，满足片区居民生活需求；居住区内有少数私人诊所，居民**就医条件较好**。社区服务中心与警卫室穿插在居住区，成散点布置，设施完备。

民居街巷北段 1
路径封闭，巷道相对内向，住宅庭院围合，具有较强**归属感**；自发形成的半开敞空间成为**公共空间**。

民居街巷南段 2
宅旁庭院与树木形成良好的**街巷景观**；路径较为开放且层级丰富，临街商业和交通**体验良好**。

地块肌理

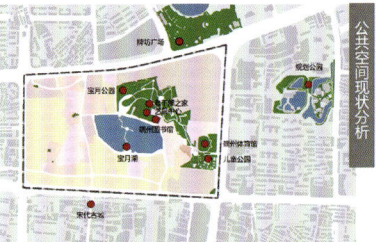

区级文娱设施建设完善，**缺乏社区级文化娱乐设施**；开放性公共空间**分布不均匀**，集中于宝月湖周边，西部居民活动**交往型空间缺乏**；基地外围有牌坊广场和市委公园两处较大公共空间。

基地内有汉谋图书馆、靓竹围天主教堂、中山公园牌坊**三处市级文物保护单位**，另有稼泉遗址破坏严重。南临**国家级文物保护单位宋城墙**，始建于宋皇佑十年，经10多次修葺现保存良好。文物古迹**保护投资乏力且利用度低**，与周边建筑环境、**风貌不协调**。

典型居住组团 3
多栋板式多层住宅灵活组合形成**小型组团**，共用出入口提高临街住宅**安全保障程度**。

片区绿地 4
绿地**呈斑块状**，使用强度较大，但**分布不均衡**，西侧住片区内仅有少数小型公共空间。

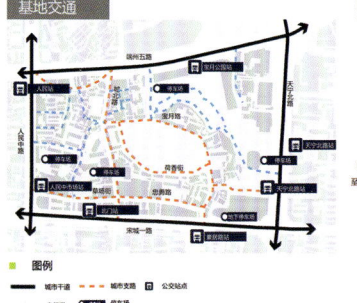
基地交通

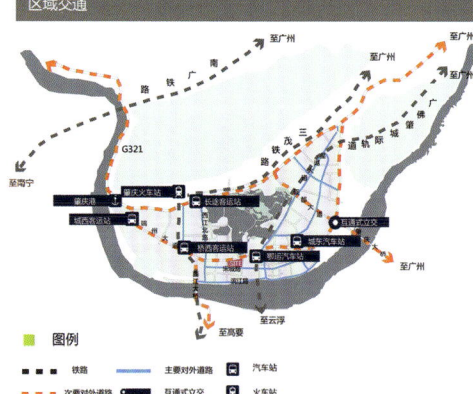
区域交通

[概念演绎]

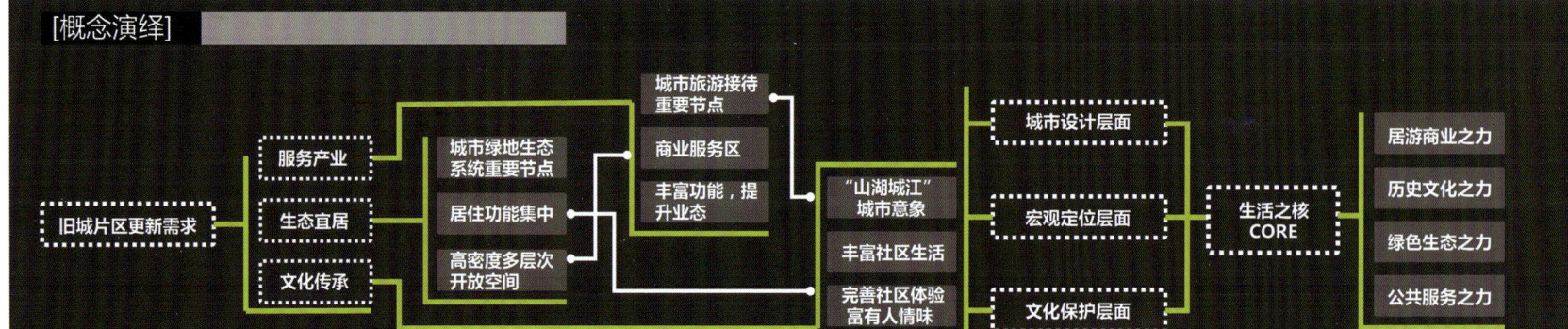

[总平面图]

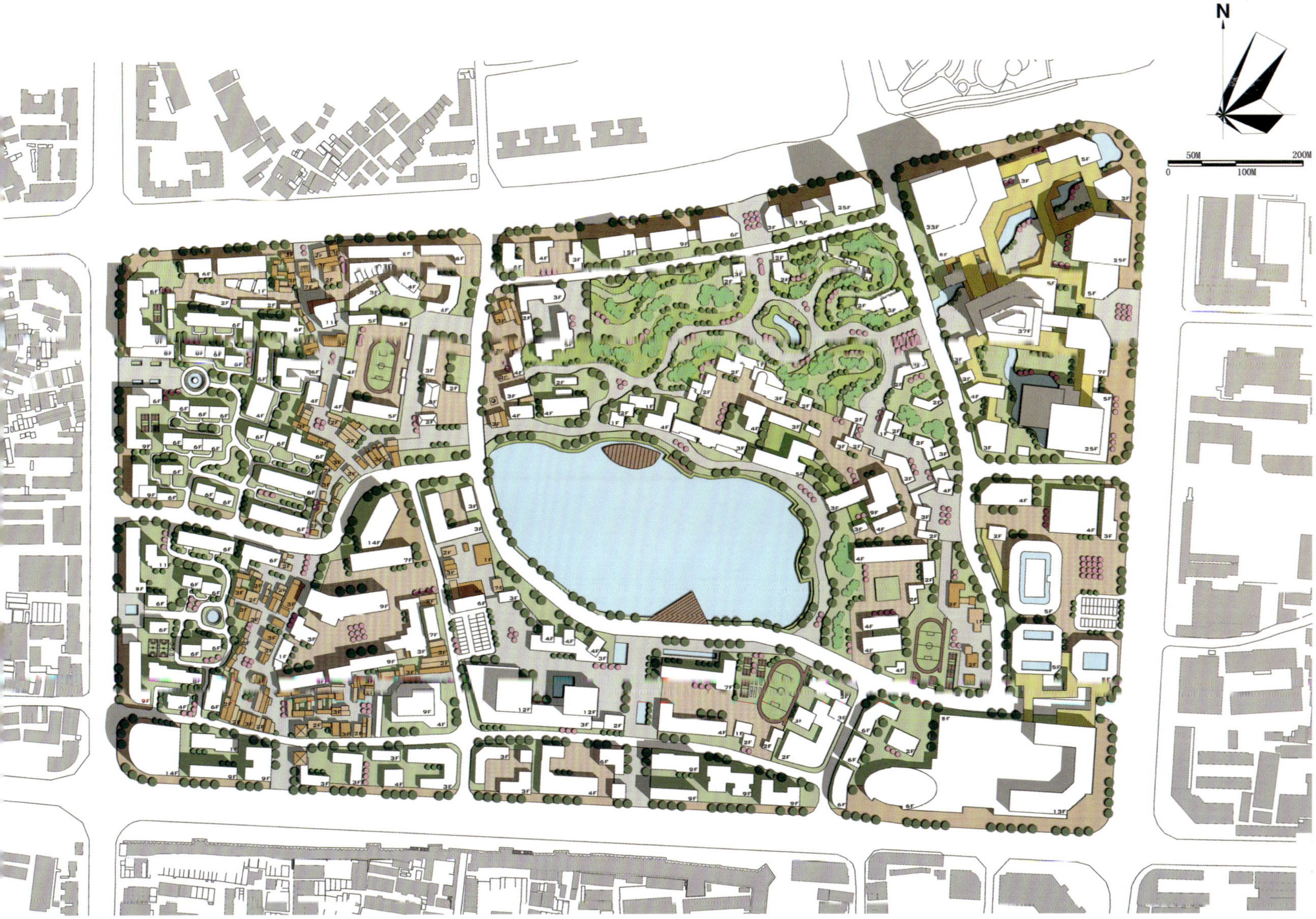

[理论研究]

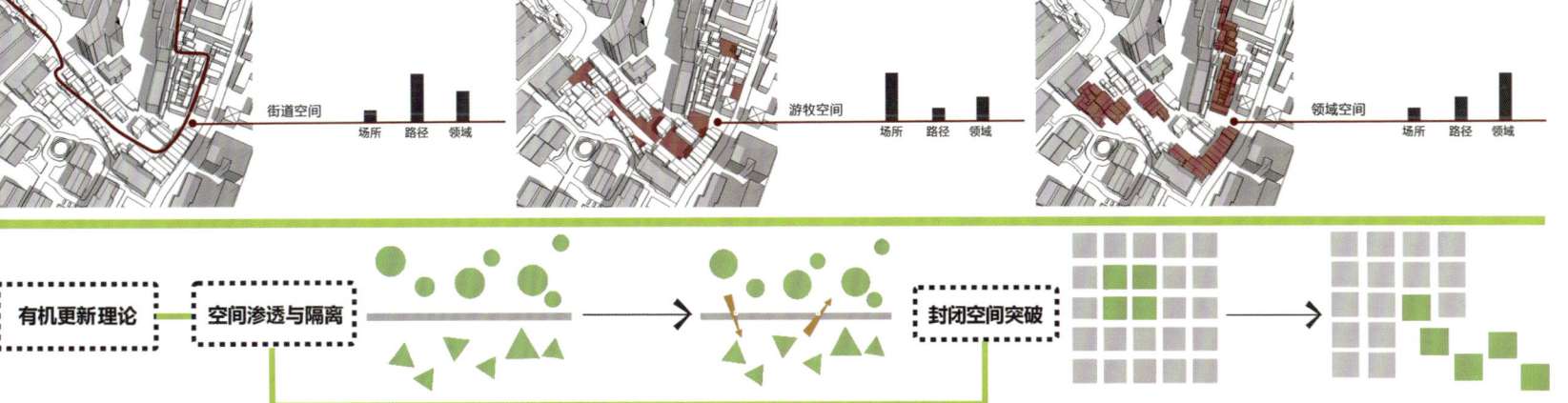

街道空间　场所　路径　领域

游牧空间　场所　路径　领域

领域空间　场所　路径　领域

有机更新理论 → 空间渗透与隔离 → 封闭空间突破

四校联合毕业设计
广东省肇庆市宝月台塘片区旧城更新城市设计

[肌理生成]

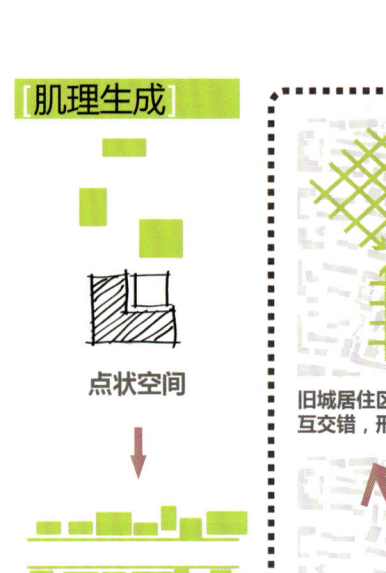

点状空间

线状空间

面状空间

旧城居住区纵向肌理与横向肌理相互交错，形成复杂的网络系统。

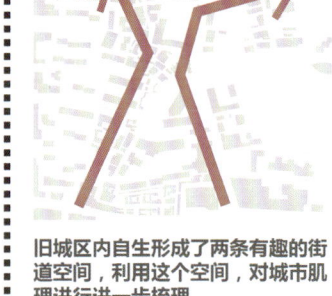

旧城区内自生形成了两条有趣的街道空间，利用这个空间，对城市肌理进行进一步梳理。

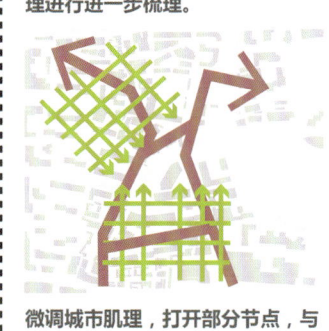

微调城市肌理，打开部分节点，与基地内各部分进行对接、串联。

公服核心形态

以有机更新以及分型理论指导生成的公服核心，主要以步行系统和骑行系统串联。顺应自然肌理形成的步行廊道和骑行空间将各个公共服务设施与公共游憩空间串织起来，为居民提供多维的空间形态，极大地丰富空间体验和交通感受，促进居民对公服设施的使用，以及在公服设施内部的交流。

[S·W·O·T]

发展优势 STRENGTH	发展劣势 WEAKNESS	发展机遇 OPPOTUNITIES	面临挑战 THREATEN
基地内公共设施数量多且密集，现状公服部分为区域级服务设施；现状绿地资源较为丰富，生态质量良好；现状居住区内保留有传统文化习俗，和部分具有代表地域历史的空间和建筑；基地东侧主要商业轴线有较多人群支撑	公共建筑陈旧，服务质量不佳；绿地空间封闭，配置失衡，生态效益流失；住宅建筑陈旧，缺乏管理，居住环境恶劣；道路组织不畅，设施缺乏，可达性差；旅游服务产业薄弱，零售业态层次低	基地处于南北文脉、商业主轴和东西城市融合主轴；区域内文化资源丰富，自然人文旅游产业发展良好；城市发展水平提高，旧城更新逐步推进	建筑、交通现状较复杂，更新难度较大；环境恶劣，片区对居民和游客吸引力下降；居住功能与旅游服务产业发展矛盾明显

城市社区 URBAN NEIGHBORHOODS

创建便于步行的城市公服核心社区，鼓励邻近交通的城市生活、工作、教育和休闲。

连贯的区域 CONNECTED DISTRICT

提高核心区域可达性，最大化与周边环境衔接。建立管理交通堵塞的平衡方法，充分利用交通连接点。

活跃的城市中心 VIBRANT URBAN CENTER

公服核心区建立集购物和其他市民功能的沿街混合型用途。创建临近主要步行通道的新娱乐和文化地区。

健康生活 HEALTHY LIVING

核心中总平面中融入宜人的休闲娱乐场所，为当地和周边居民，尤其是儿童和老年人提供游憩场所。

重视步行方式 A PEDESTRIAN EMPHASIS

公服核心地区流线网络鼓励步行优先。

新城市公园 NEW PARKS

翻新宝月湖公园，拆除边界，保留现有公服设施的前提下，新建休闲娱乐设施和文化社区设施。

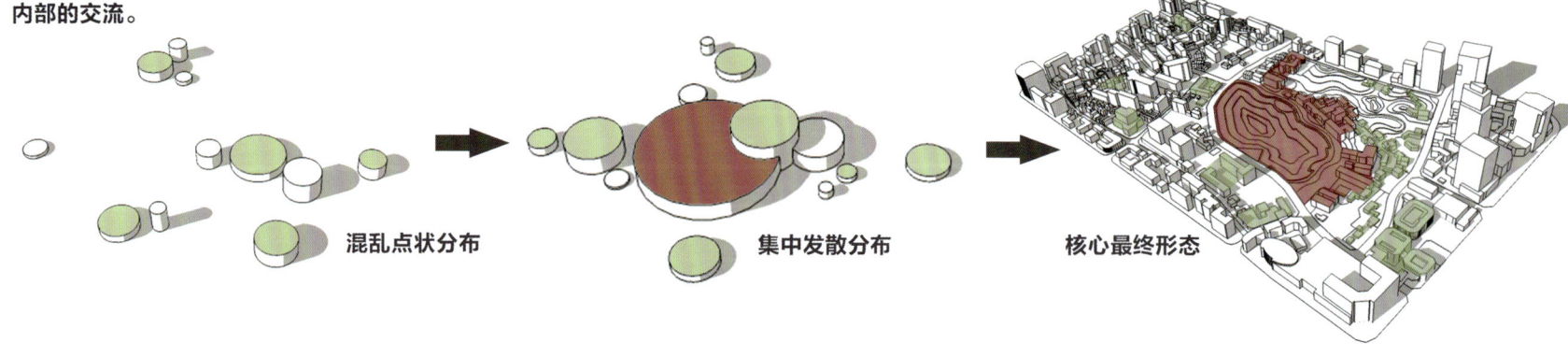

混乱点状分布 → 集中发散分布 → 核心最终形态

[空间生成]

空间层次构成

1. 充分挖掘城市滨水空间，激活城市公共空间活力
2. 滨水公园围合水岸区域，突出公服核心
3. 城市商住混合带缝合基地与周边地块的空间联系
4. 保留城市生活街巷记忆区，创造现代城市中的传统智慧
5. 高层区提升基地土地开发价值，塑造城市天际线

空间形态塑造

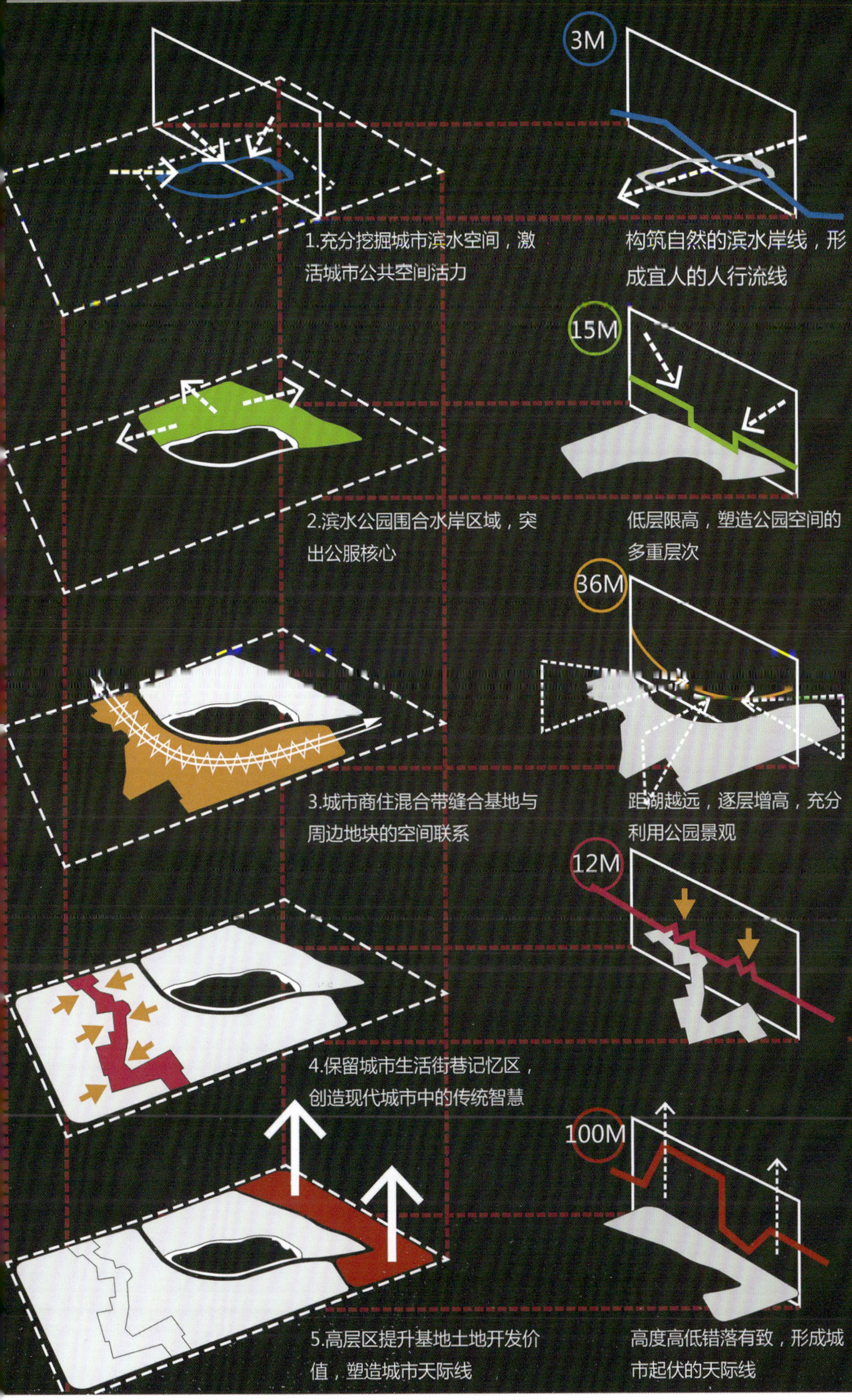

- 3M：构筑自然的滨水岸线，形成宜人的人行流线
- 15M：低层限高，塑造公园空间的多重层次
- 36M：距湖越远，逐层增高，充分利用公园景观
- 12M
- 100M：高度高低错落有致，形成城市起伏的天际线

[流线分析]

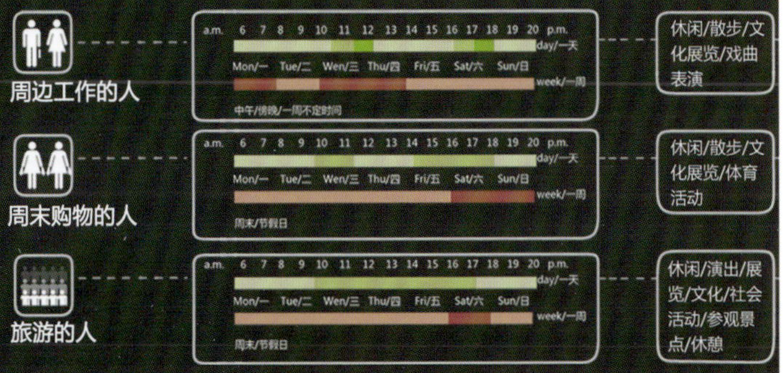

博物馆参观 / 本地戏曲 / 演艺中心 / 妇幼保健院 / 旅游 / 广发银行 / 幼儿园 / 湖岸咖啡 / 景观广场 / 端州医院 / 逛商场 / 宝月湖 / 图书馆 / 看演出 / 连廊远眺 / 创意集市 / 骑行 / 戏曲欣赏 / 棋牌娱乐 / 喝茶 / 餐厅 / 艺术参观 / 湖岸酒吧 / 湖边散步 / 生态走廊 / soho / 民间艺术 / 酒店居住 / 创意设计 / 里弄风情 / 街巷空间 / 文化体验 / 民俗体验 / 趣味小吃 / 生态居住 / 端砚制作 / 游憩

周边工作的人 — 休闲/散步/文化展览/戏曲表演
周末购物的人 — 休闲/散步/文化展览/体育活动
旅游的人 — 休闲/演出/展览/文化/社会活动/参观景点/休憩

广东省肇庆市宝月台塘片区旧城更新城市设计
四校联合毕业设计

[功能布局]

居住空间 / 公服空间 / 商务空间

体验自然 民俗文化 集体舞台 → 街巷 / 民俗 / 居住

餐饮娱乐 户外运动 公共服务 → 娱乐 / 康体 / 服务

成熟商务 酒店办公 公园休闲 → 休闲 / 办公 / 购物

城市公共服务核心的构建并使其成为吸引本地居民以及周边居民的重要吸引力场核心。使传统空间的体验和更新空间的体验完美融合，相得益彰。

将三种功能按比例植入基地内的各个节点空间，细化功能组织体系，创造新型的公共服务核心。

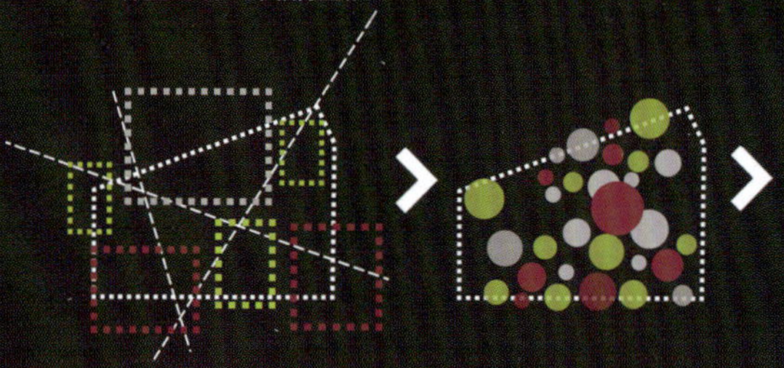

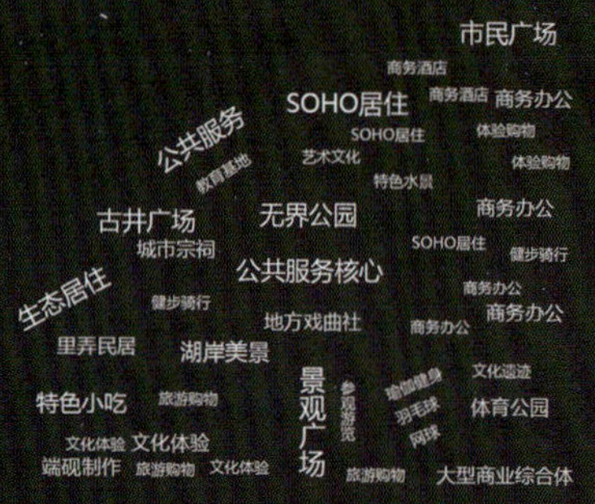

市民广场 / 商务酒店 / SOHO居住 / 商务酒店 / 商务办公 / 公共服务 / 体验购物 / 艺术文化 / 特色水景 / 教育基地 / 无界公园 / 商务办公 / 古井广场 / 城市宗祠 / SOHO居住 / 生态居住 / 公共服务核心 / 健步骑行 / 里弄民居 / 湖岸美景 / 地方戏曲社 / 商务办公 / 商务办公 / 特色小吃 / 旅游购物 / 景观广场 / 文化体验 / 体育广场 / 端砚制作 / 文化体验 / 旅游购物 / 文化体验 / 大型商业综合体

[形态生成]

A
1 公园成组保留建筑
2 打开建筑的封闭格局
3 增加空间的灰空间及错落感，增强趣味性

B
1 传统居住建筑
2 增加空间的采光性
3 提高空间的开放度

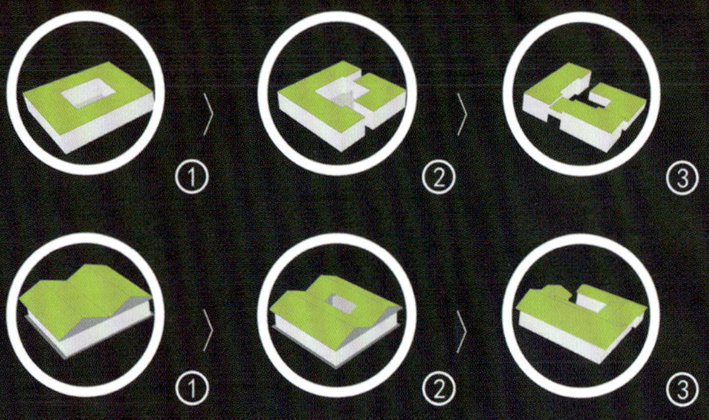

C 高层办公建筑
1 裙房退进 活跃街道
2 建筑转向 加沿街面
3 细节高差 丰富界面

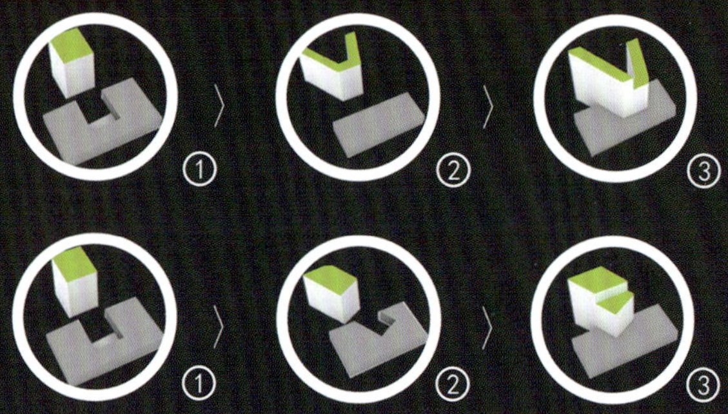

[规划系统]

图底关系 — 新旧拼贴，多元混合
开放空间结构 — 一心多点，水平渗透（开放空间 / 空间联系）
道路系统结构 — 水路互通，廊道串接（城市干道 / 城市支路 / 公交站点）
空间分区结构 — 以湖为心，合理分布（容积率 高—低）

[空间演示]

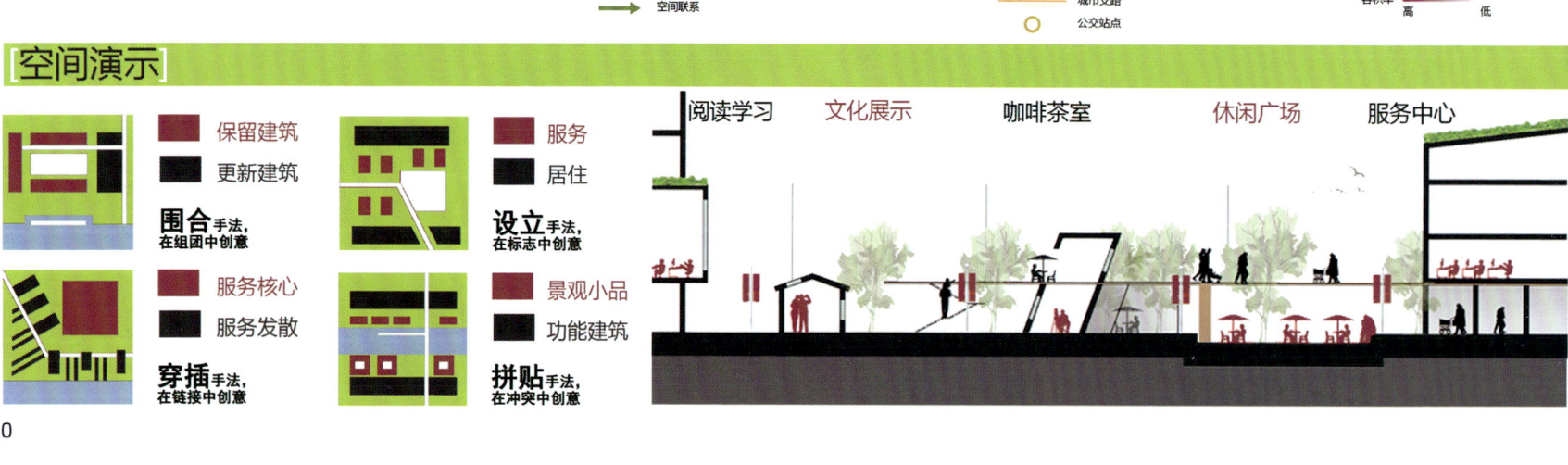

保留建筑 / 更新建筑 — **围合**手法，在组团中创意
服务 / 居住 — **设立**手法，在标志中创意
服务核心 / 服务发散 — **穿插**手法，在链接中创意
景观小品 / 功能建筑 — **拼贴**手法，在冲突中创意

阅读学习　文化展示　咖啡茶室　休闲广场　服务中心

[鸟瞰图]

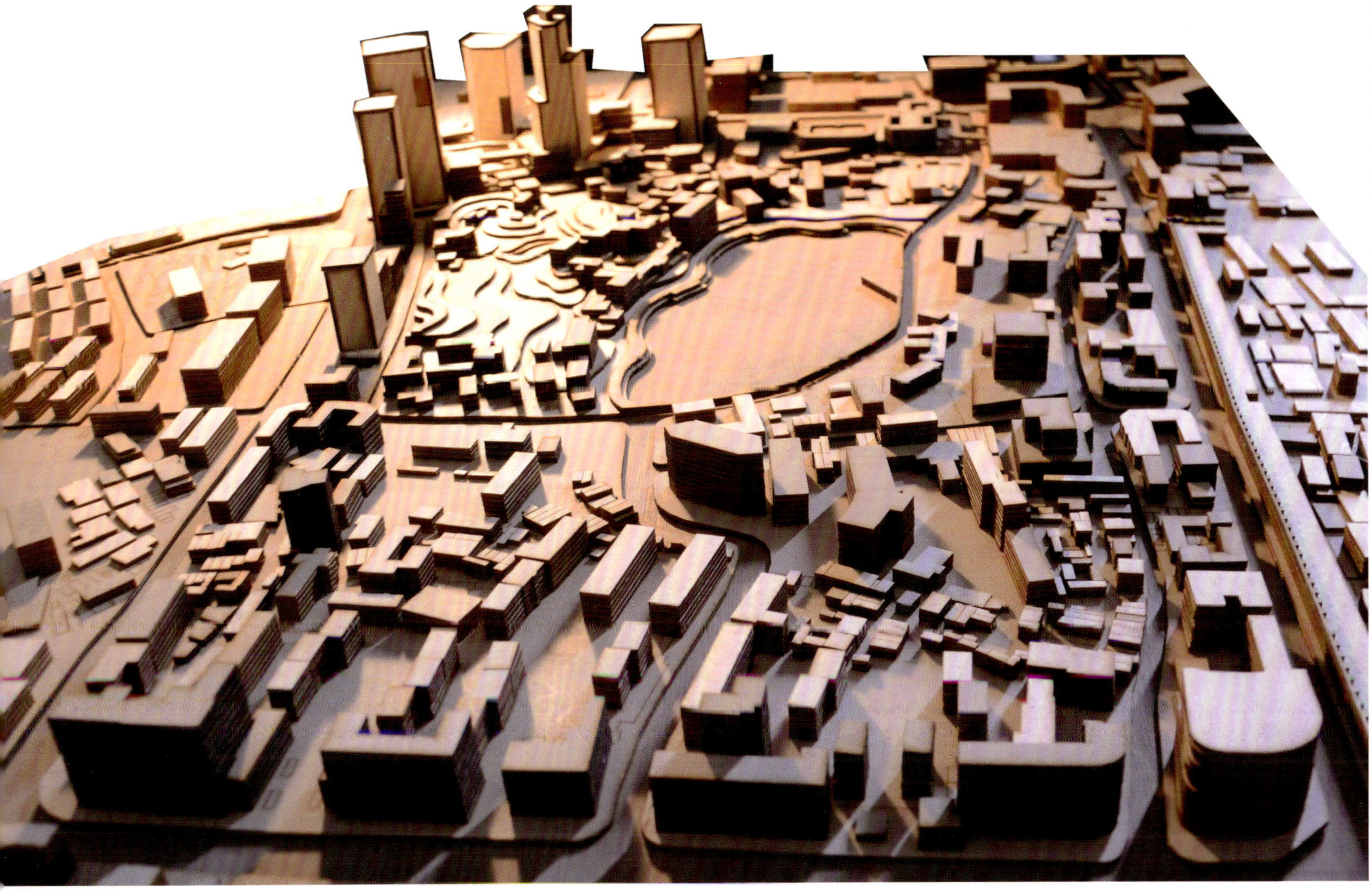

四校联合毕业设计
广东省肇庆市宝月台塘片区旧城更新城市设计

[立面效果]

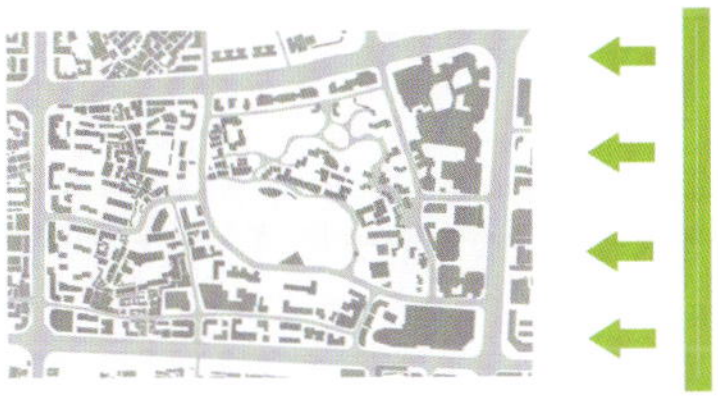

[东立面效果图]

[北立面效果图]

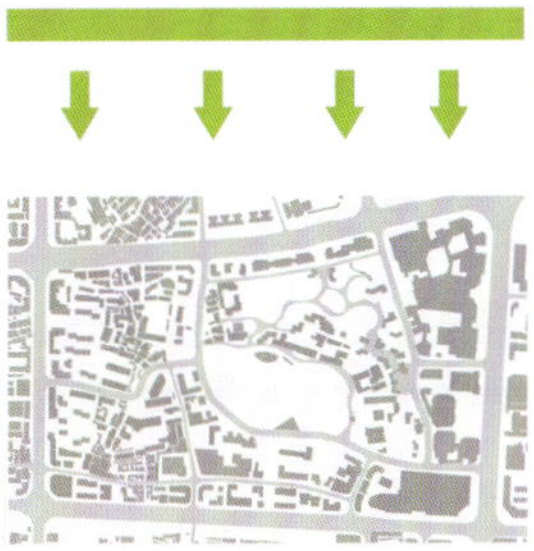

设计生成：

1. 从基地核心处的自然现状入手，分析用地，发现塑造历史文化核心区形象的关键问题。

2. 进一步挖掘现状资源，整合游湖宝月湖周边公共服务设施带，形成绿地、开放空间、公共服务设施相互融合渗透的集中区域，形成"生活之核"的基本结构。

3. 增加片区生态绿地加强相互联系，同时依据端州区内天宁北路商业轴线布局功能丰富、层级优化的商业区。

4. 在此结构基础上，顺延端州路和宋城路组织低密的体验式商业区。

[多层次立体走廊]

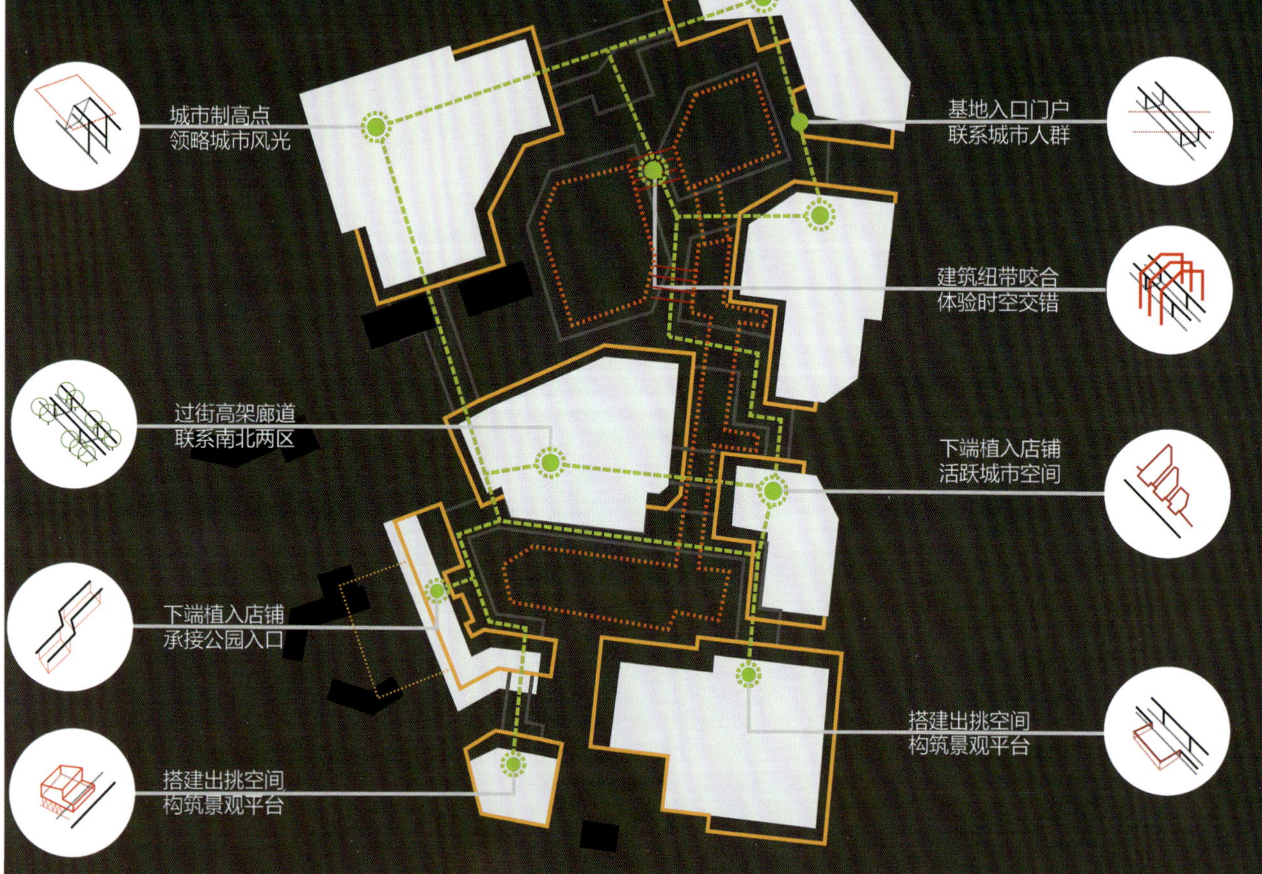

[建筑肌理构成]

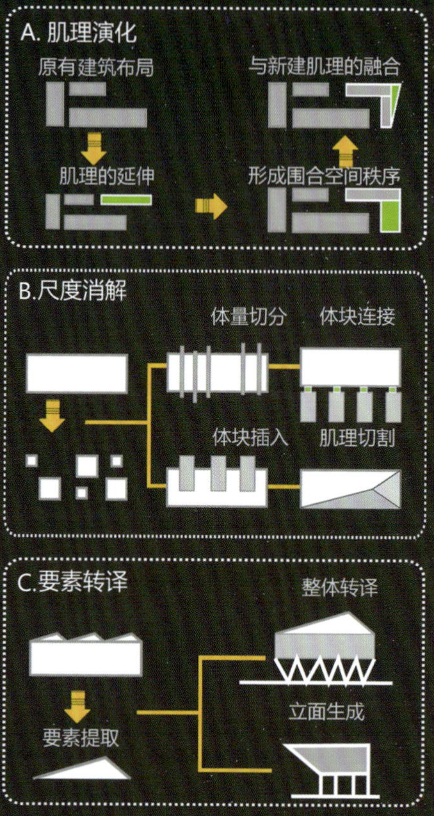

- 城市制高点 领略城市风光
- 基地入口门户 联系城市人群
- 建筑纽带咬合 体验时空交错
- 过街高架廊道 联系南北两区
- 下端植入店铺 活跃城市空间
- 下端植入店铺 承接公园入口
- 搭建出挑空间 构筑景观平台
- 搭建出挑空间 构筑景观平台

A. 肌理演化
原有建筑布局 — 与新建肌理的融合
肌理的延伸 — 形成围合空间秩序

B. 尺度消解
体量切分 体块连接
体块插入 肌理切割

C. 要素转译
要素提取 — 整体转译 — 立面生成

[各时段地块利用情况]

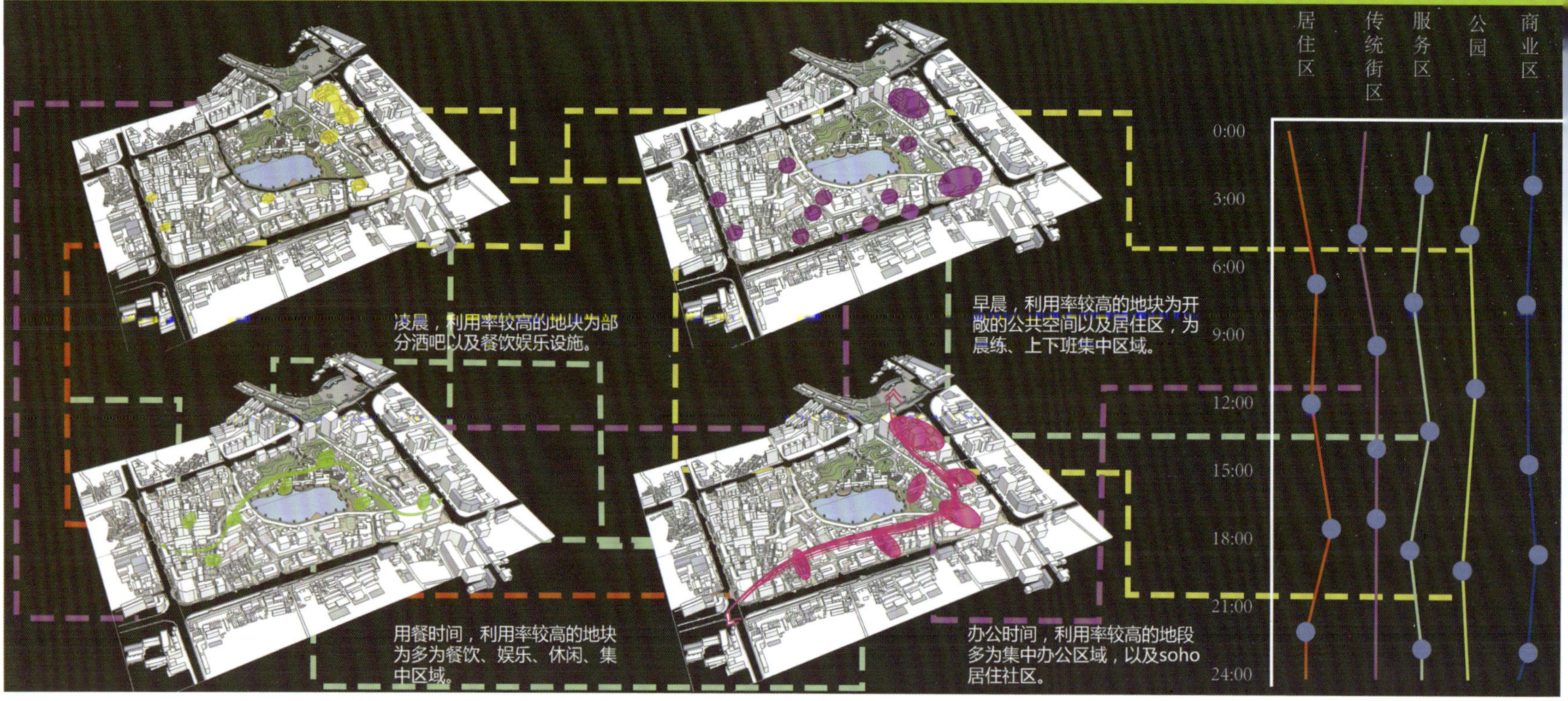

凌晨，利用率较高的地块为部分酒吧以及餐饮娱乐设施。

早晨，利用率较高的地块为开敞的公共空间以及居住区，为晨练、上下班集中区域。

用餐时间，利用率较高的地块为多为餐饮、娱乐、休闲、集中区域。

办公时间，利用率较高的地段多为集中办公区域，以及soho居住社区。

居住区 | 传统街区 | 服务区 | 公园 | 商业区

0:00 / 3:00 / 6:00 / 9:00 / 12:00 / 15:00 / 18:00 / 21:00 / 24:00

局部鸟瞰效果图

四校联合毕业设计
广东省肇庆市宝月台塘片区旧城更新城市设计

宝月湖公园效果图

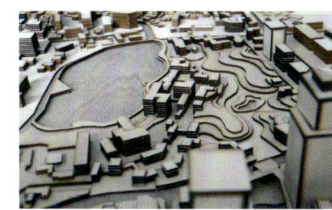

民俗风情街效果图

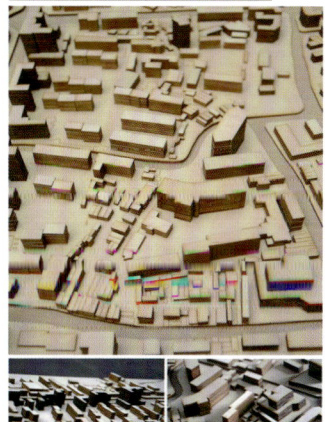

核心商务区效果图

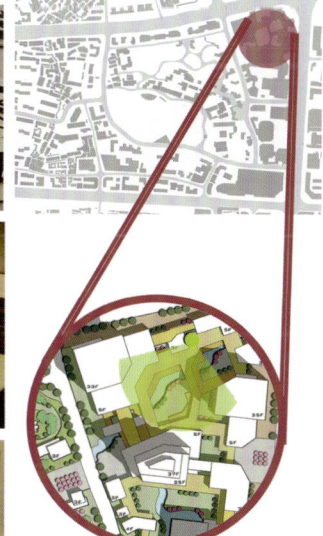

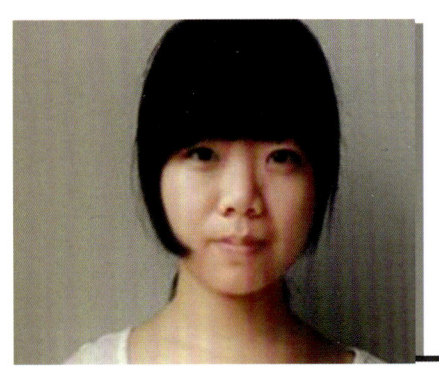

易沁

开阔视野，充分交流，更大的舞台。能够参加这次四校联合毕业设计真的很幸运，也有很多的收获。联合设计带给我很多冲击和思考，使我一生受用。

李丽萍

五年本科学习逐渐到了尾声，这次参加四校联合毕业设计算是一个美好的结尾。大家齐聚一起，在设计中互相交流、探讨，在生活上互相关心，对于我来说这些经历是一笔宝贵的人生财富，希望大家在以后的生活学习中一帆风顺。

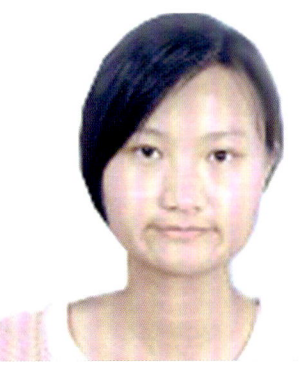

李晓娥

大学的学习，随着毕业设计的完成进入尾声。回望这三个多月，有笑有泪。五个春夏秋冬的付出，全在这个夏天收获了结果。谢谢我的母校和老师同学，谢谢为毕业设计付出努力的人们。

白丹

在毕业设计阶段参加四校联合设计，对我而言不仅综合了本科五年学习的理论和实践知识，也见识到各个学校同学的不同设计思路和风格，让我从中受益匪浅。经过这学期的思维逻辑锻炼，我的知识比以前变得更加系统，观察问题的视角也变得敏锐而细腻，我想这对我今后的学习是大有裨益的。感谢这次的联合毕业设计的经历，感谢老师和同学们给我的帮助与鼓励！

吕柯芸

人生就是不断地相识不断地成长,"敏而好学"也将是我人生持续的座右铭。只有不断努力与改变才能成为更好的自己。愿不再有不堪一击的时候,以后的人生可以活成想要的模样。

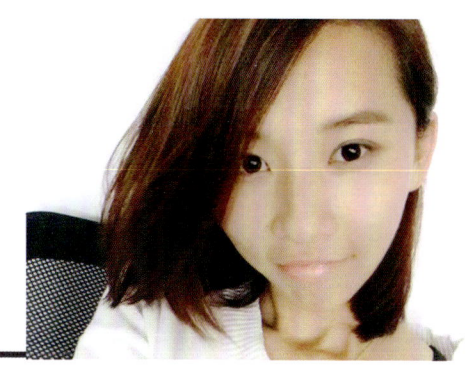

 昆明理工大学
KUNMING UNIVERSITY OF SCIENCE AND TECHNOLOGY

广东省肇庆市宝月台塘片区旧城更新城市设计

指导教师： 陈桔

作者： 易沁 李丽萍 李晓娥

学校： 昆明理工大学

设计说明： 随着中国城市化进程的加快，很多充满历史记忆的城市原始聚落由于自身的种种原因被遗忘。

本设计选地处于肇庆市端州区最为核心的位置，周边及自身都有非常好的资源优势及潜力。

本次设计的主题是链，即通过此片区的更新设计，让宝月台塘片区成为充满活力的社区，同时成为连接七星岩风景区、宋城墙景区的和谐过渡地带。

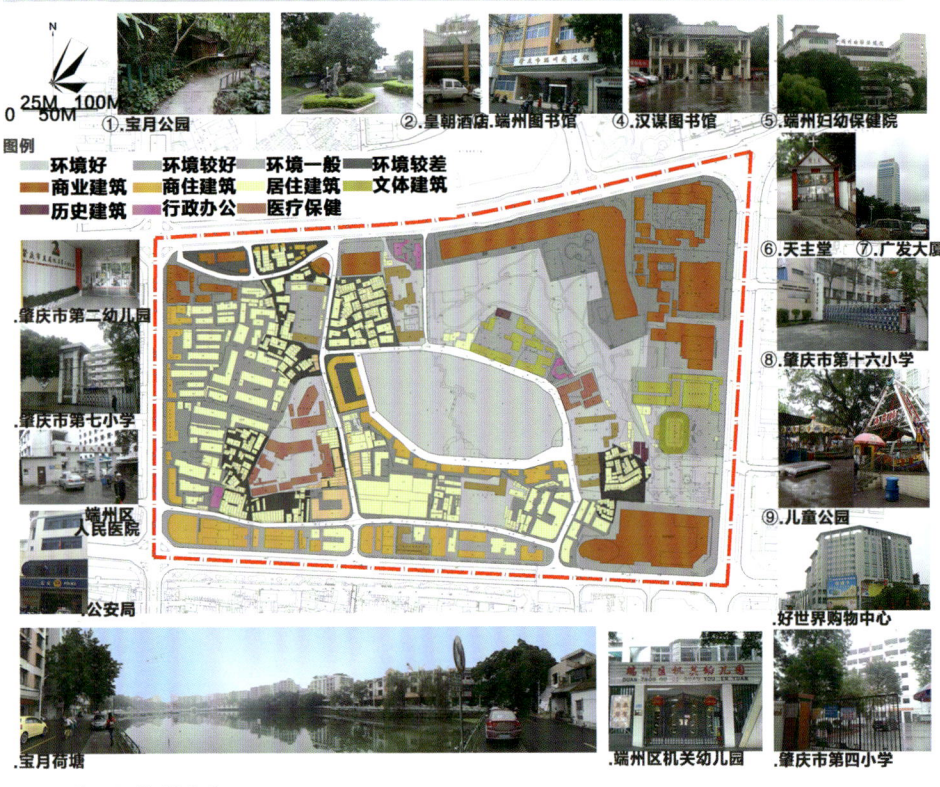

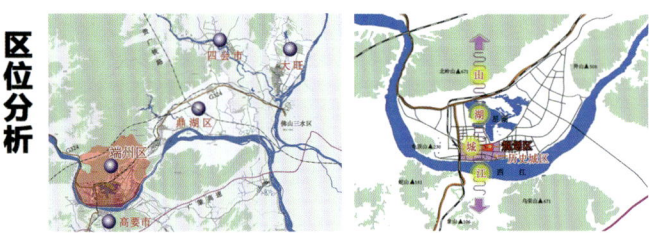

区位分析

历史沿革

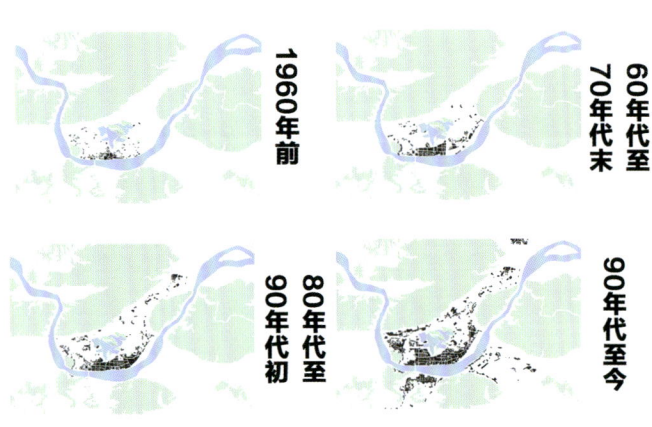

1960年代前 | 60年代至70年代末
80年代至90年代初 | 90年代至今

活动需求分析

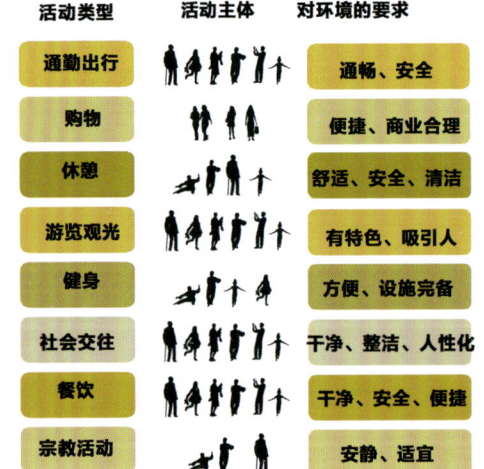

活动类型	活动主体	对环境的要求
通勤出行		通畅、安全
购物		便捷、商业合理
休憩		舒适、安全、清洁
游览观光		有特色、吸引人
健身		方便、设施完备
社会交往		干净、整洁、人性化
餐饮		干净、安全、便捷
宗教活动		安静、适宜

文化要素分析

宋文化： 宋文化是肇庆文化的重要体现。在肇庆城区，至今保留着丰富的宋代古建筑及遗址，宋代诗词歌赋以及民俗文化构成肇庆历史文化的核心。

端砚文化： 肇庆最具特色的文化。端砚位居中国四大名砚之首，成为中国砚文化的代表。端砚是融历史文化、雕刻艺术等于一体的观赏与实用相结合的艺术品。

市井文化： 社区的地域特点、人口特性以及居民长期共同的经济和社会生活的反映。实质上是地方文化的具体体现。规划区拥有端州地道的市井氛围。

节庆文化： 肇庆具有多姿多彩的民风民俗。如传统游艺舞龙舞狮、龙舟赛、悦城龙母诞以及贵儿戏等。

现状分析

用地现状

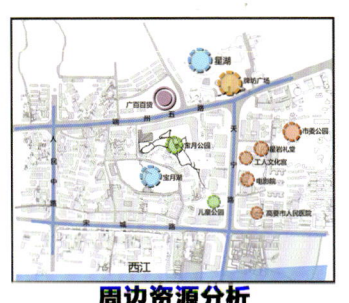
周边资源分析

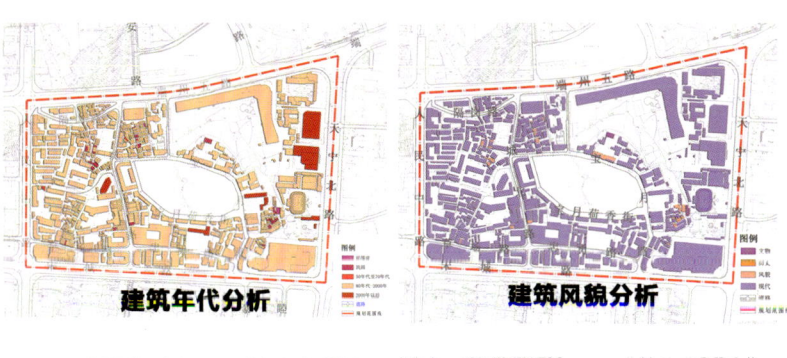
建筑年代分析　　建筑风貌分析

建筑结构分析

建筑层数分析

建筑质量分析

保留建筑分析

更新策略

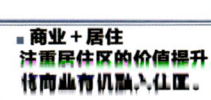
■ 商业+居住
注重居住区的价值提升，将商业有机融入住区

■ 商业+休闲
商业服务是本规划区重要功能之一，整合现状资源，将商业和休闲有机整合，提升价值

■ 文化+休闲
文化与休闲结合开发能让游客在接触本地文化的同时有个轻松的休闲环境

■ 多重复合
文化、休闲、餐饮、办公等功能有机组合在一起

不同时间段需求分析

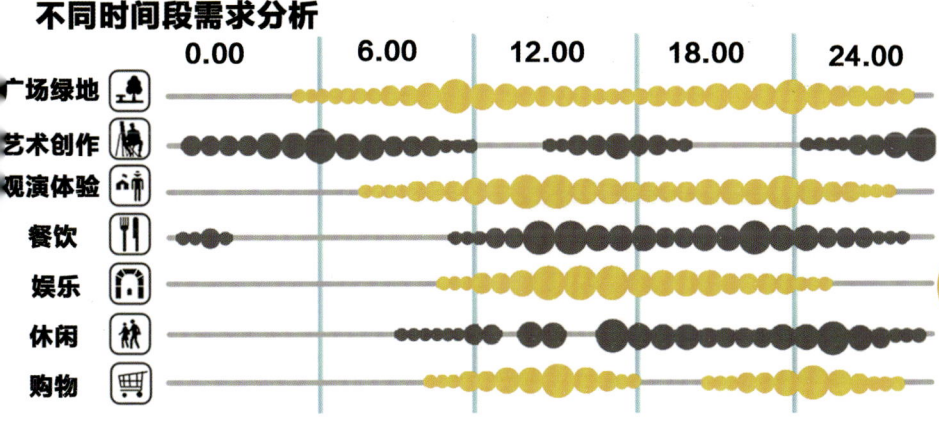

现状功能结构　　规划功能结构

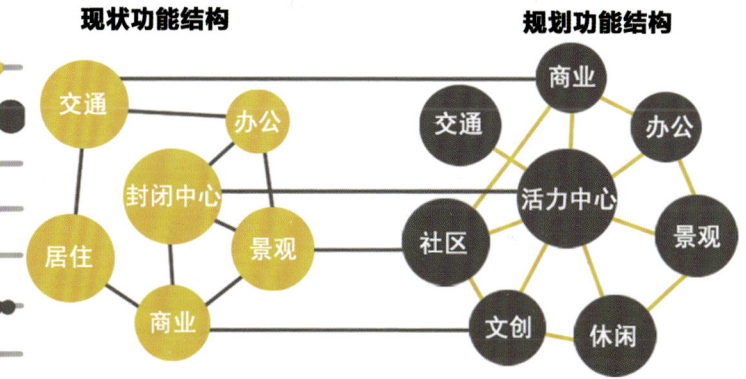

广东省肇庆市宝月台塘片区旧城更新城市设计　四校联合毕业设计

57

空间更新策略

 基地内部优势公共空间正面效应发挥不够，封闭且缺乏对人群的吸引力 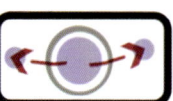 打通原有公共空间，与周边重要节点联系，增加人群活力，吸引周边游客

 居民楼之间空间过于狭窄，而且封闭，缺乏与外界的交互  开敞居民楼，使其对外的联系渗透加深，吸引居民和游客参加公共空间行为

 缺乏特点的节点设计，没有空间识别性，对外来人员缺乏吸引力  注入新的有特色的节点空间，增加空间的趣味性和可识别性

 缺乏公共的停留场所，多为线型空间，停留感较差  扩展大型公共绿地，吸引周边人群，新增其他公共绿地，增加停留感

 步行系统不成体系，缺乏游憩空间，抑制活力时间  引入水体，丰富街道空间体验，设置休憩空间，延长行为时间

 基地中缺乏活动场地，人们在公共空间中停留时间较少  加入组团绿地，延长人群在公共空间的停留时间，延长活力

各行为场所相互独立，彼此之间缺乏相应的联系和交流 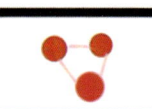 适度开放封闭行为场所，在公共空间和各行为场所之间建立联系，促进活力

缺乏丰富的人群行为活动支持旧城活力，空间缺乏活力推动力 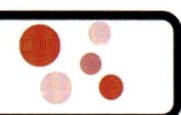 设置兼容各功能区，丰富行为活动，提升基地公共空间活力

行为场所独立封闭，行为交织度低，效果打折  合理设置新增行为场所，兼容性较好的行为结合设置

  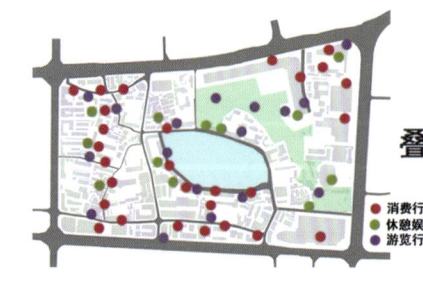 叠加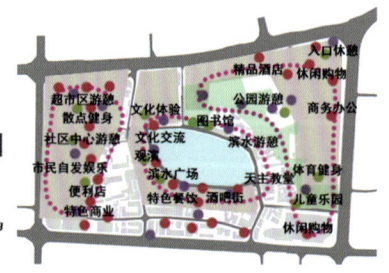

功能更新策略

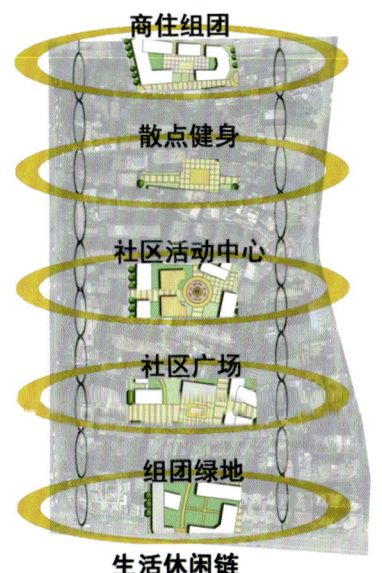

生活休闲链

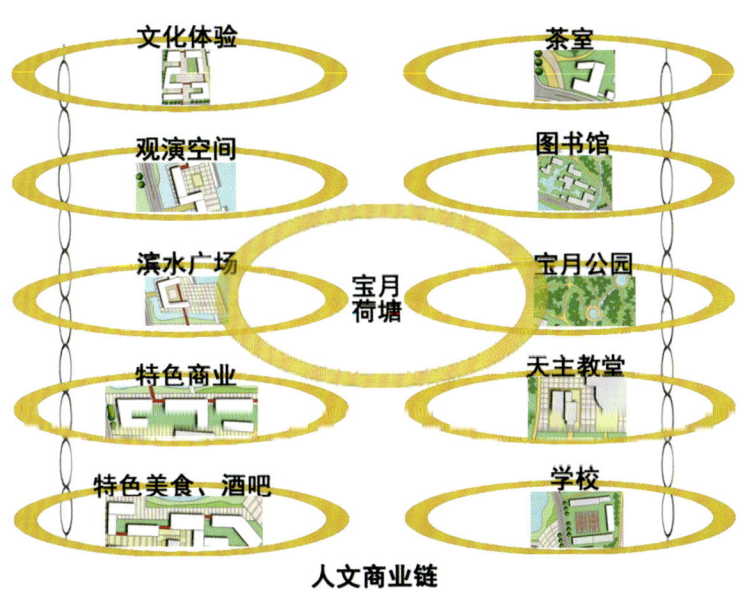

人文商业链

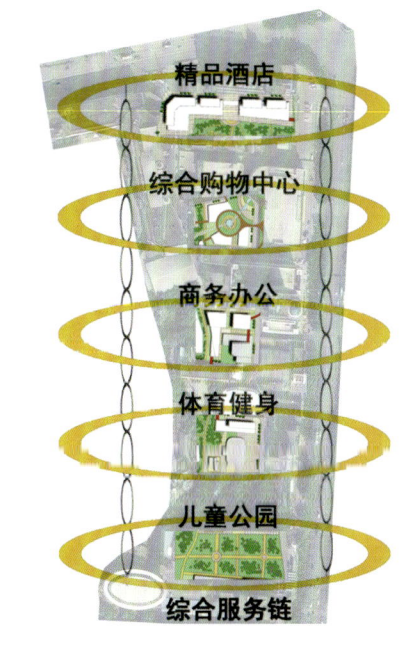

综合服务链

车行系统更新

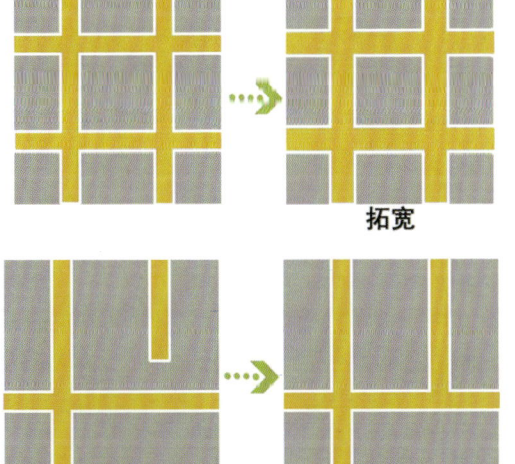

拓宽　　缺失　　增加　　错位　　衔接

断裂　　连接　　车行　　步行　　人车混行　　人车分离

步行系统更新

步行系统梳理与完善
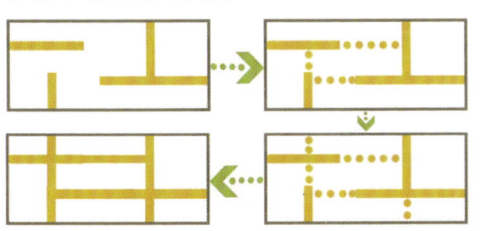

步行系统与公共系统链接
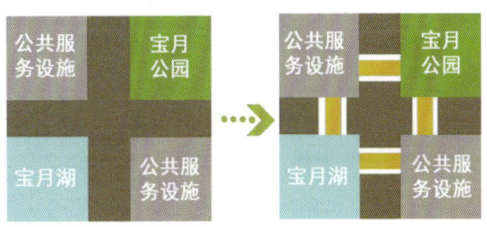

步行系统与广场空间链接

主要文创产业类型

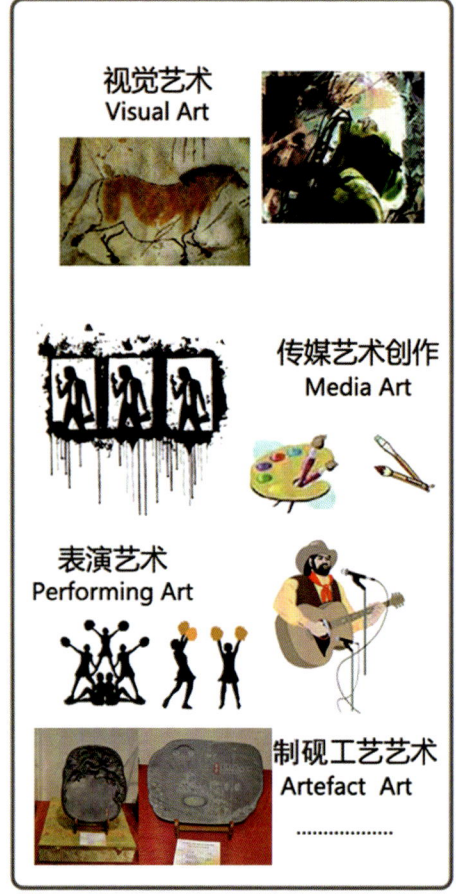

规划分析

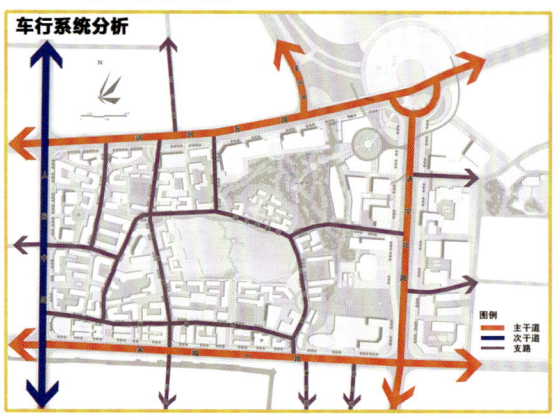

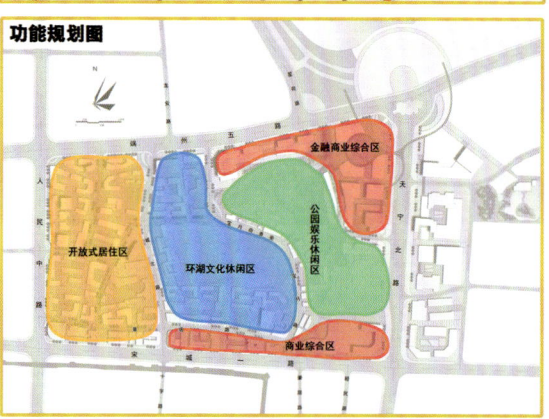

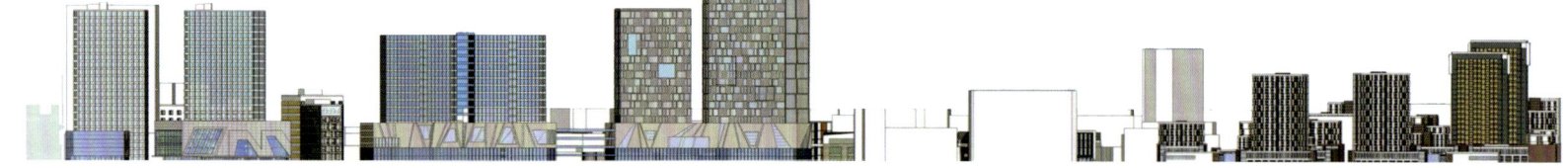

开放空间分析图

开发时序分析图
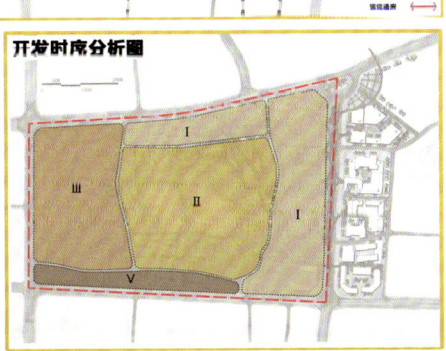

建筑高度控制
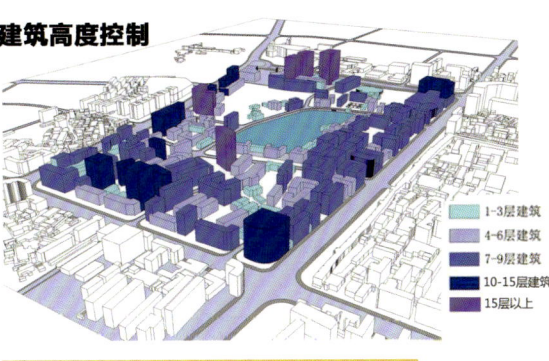

容积率规划分析图

土地利用规划图
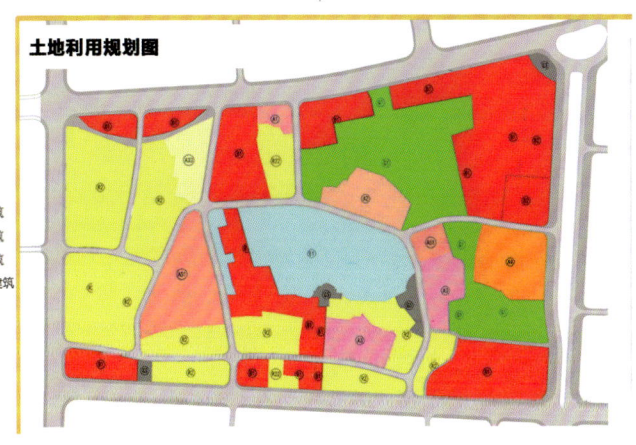

规划地块在功能上相对完善。在规划中，主要为整合和局部的功能补充。对于南部的地块大部分都采用保留的手段。对于西部的居住地块采用分期开发的手段进行改造，对于宝月湖片区和天宁路片区采用整合和功能植入对其进行开发改造。

四校联合毕业设计
广东省肇庆市宝月台塘片区旧城更新城市设计

① 肇庆市第七小学
② 现状住宅
③ 端州区人民医院
④ 财联大厦
⑤ 市第二机关幼儿园
⑥ 汉谋图书馆
⑦ 端州图书馆
⑧ 妇幼保健院
⑨ 广发大厦
⑩ 肇庆市第十六小学
⑪ 肇庆市第四小学
⑫ 勒竹围天主教堂
⑬ 端州区体育馆
⑭ 好世界购物中心
⑮ 星岩礼堂
⑯ 酒店
⑰ 电影院
⑱ 肇庆市人民医院

① 商住楼
② 住宅
③ 社区文艺中心
④ 社区综合服务中心
⑤ 行政办公楼
⑥ 文化中心
⑦ 特色商业
⑧ 影楼画廊
⑨ 滨水旅店
⑩ 特色餐饮
⑪ 商住楼
⑫ 茶艺书吧
⑬ 茶艺书吧
⑭ 综合购物中心
⑮ 商务办公楼
⑯ 文化活动中心
⑰ 主题酒店
⑱ 精品酒店

规划总平面图

天宁路片区分区规划

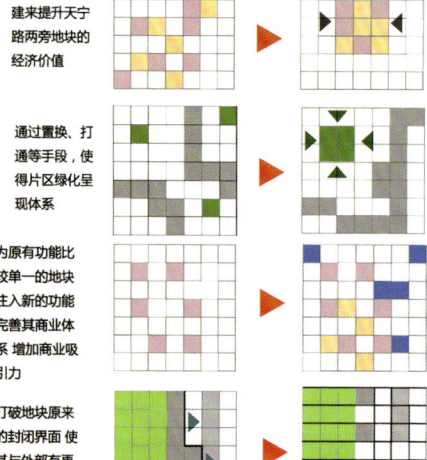

通过整合、新建来提升天宁路两旁地块的经济价值

通过置换、打通等手段，使得片区绿化呈现体系

为原有功能比较单一的地块注入新的功能完善其商业体系 增加商业吸引力

打破地块原来的封闭界面 使其与外部有更紧密的联系

整合和改造片区内原有公共空间，为其注入新的活力

通过拓宽道路、地上和地下通道将道路两旁商业联系起来

建筑高度控制

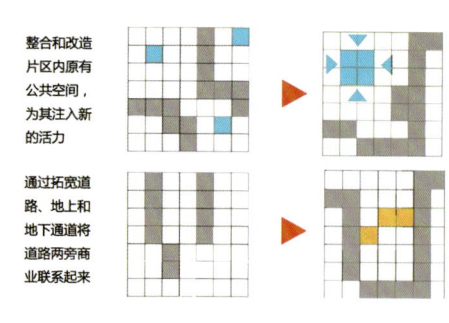

分区规划构思

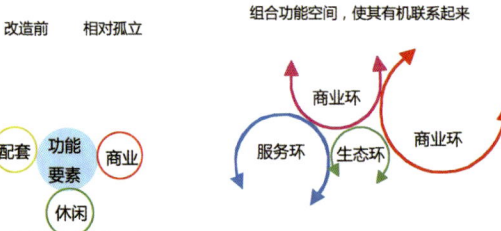

改造前　相对孤立

组合功能空间，使其有机联系起来

配套　功能要素　商业　休闲

现状中单一、无序，联系不太紧密的功能空间

服务环　生态环　商业环

休闲健身—多点成网络状布置、方便实用

散步—高品质具有归属感的街道空间 本地居民

交流—有序的高品质室外小空间

运动娱乐—多种形式的室内外活动空间

住宿—适合多类人群的多层次住宿

休息—配套休息空间，满足不同需求

购物—多层级高品质购物环境 游客

休闲娱乐—具有地域特色的休闲娱乐

参观—开敞开发的活力公共空间

餐饮—多层级、高品质室内外就餐环境

功能复合，相互联系、融合、共生

节点空间的营造

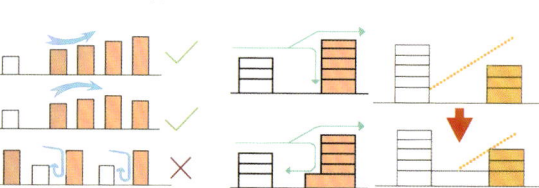

空间的引导

广场是城市空间的重要节点，是公共空间环境中最具公共性和艺术魅力的开发空间。此处增加广场在改善城市空间的同时也为此片区商业带来丰富的人流。

空间的拓展

打通交叉口与公园之间的通道，使人群有多元化的活动空间。同时可以减少沿街建筑对行人产生的压迫感，创造宜人的商业空间。

空间的层次

将广场空间立体化。运用引导、拓展的手段活化空间，产生虚空间，产生开阔、深远感。同时能使土地利用价值最大化，在寸土寸金的市中心使效益最大化。

交通系统分析

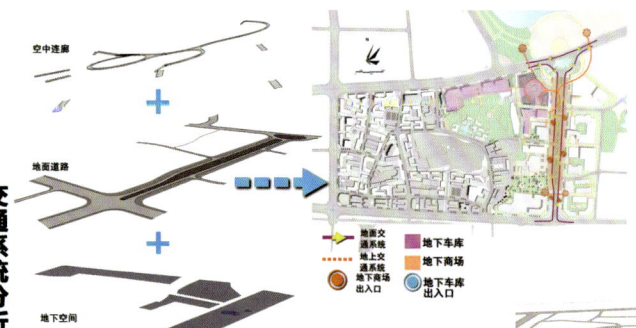

空中连廊

地面道路

地下空间

人行天桥
地下车库　地下商场　地下商场　地下车库

增加人行天桥，联系道路两侧商业及周边地块，增强商业氛围
拓宽天宁路，增加道路绿化带，弱化道路交通性，增强景观性
开拓天宁路地下空间，达到土地价值利用率的最大化、最优化

休闲娱乐

体育健身　文化中心

零售商业

餐饮服务

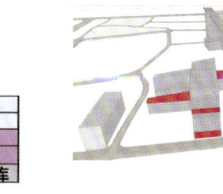

精品酒店

金融办公

功能分析

酒店商务区　综合商业区　综合商业区
金融商务区　休闲娱乐区

SOHO公寓

滨水分区设计

空间策略

[人与水]
扩展延伸水系
体验亲水空间

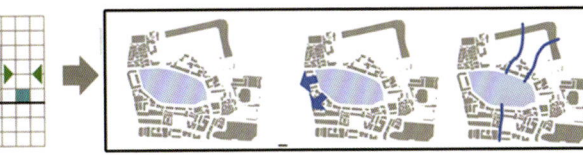

[人与绿]
多层次绿化
可参与绿地空间

[人与院]
传统风貌
院落记忆

[人与街]
打造滨水步道
完善步行系统
惬意步行

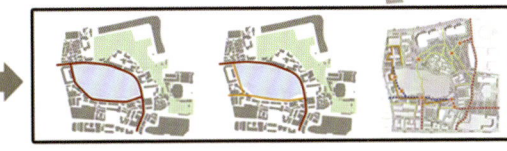

[人与广场]
开放广场
人群融合

地块一

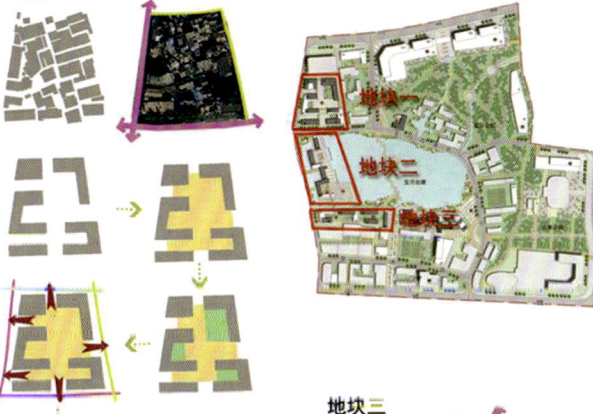

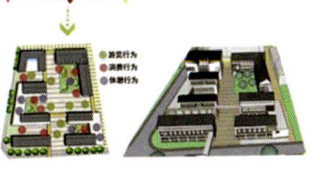
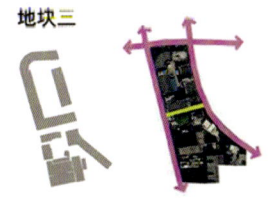

地块三

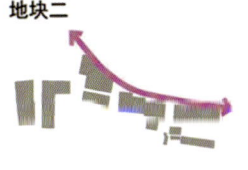
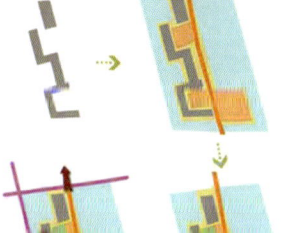

地块二

滨水带更新策略

■ 明确定位滨水空间意向
在未来的开发过程中，结合步行带、滨水广场、露天舞台的营建，把环宝月台塘周边打造成独具肇庆特色的滨水空间。

■ 梳理交通组织
考虑环境的整体性，打造惬意休闲的滨水的环湖步行空间，既保证滨水区的可达性，又减少机动车干扰。确保滨水带的安全与舒适。

■ 空间形态
滨水带避免大量的、高密度的开发压迫滨水空间，同时也要加强建筑物风格、尺度、色彩的控制，每个公共空间的设计、各功能组团的组织、通向水体的视觉系等。丰富空间景观，创造独特的城市空间形态。

■ 空间活动
将艺术展览、精品购物、艺术创作、水上游览、特色餐饮、主题活动等各类载体加以系统组合，推出各类丰富多彩的主题活动为本地市民和外地游客提供一个休闲、购物的好去处。

广东省肇庆市宝月台塘片区旧城更新城市设计 / 四校联合毕业设计

分区平面图

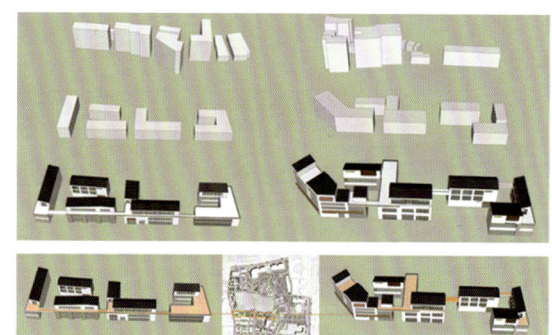

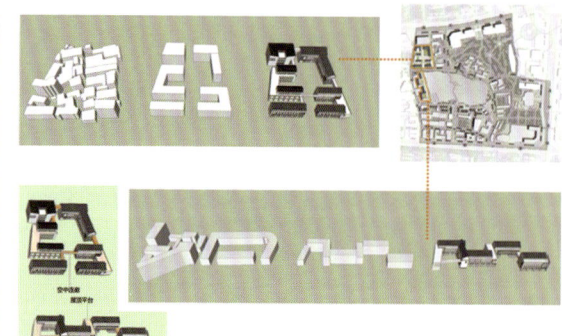

建筑更新

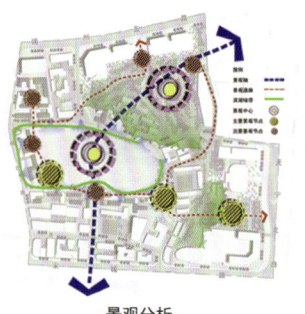

景观分析

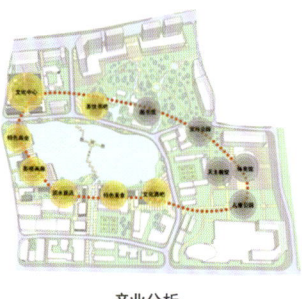

产业分析

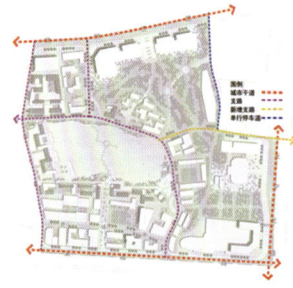

车行系统分析

步行系统分析

功能结构图

居住片区分区设计

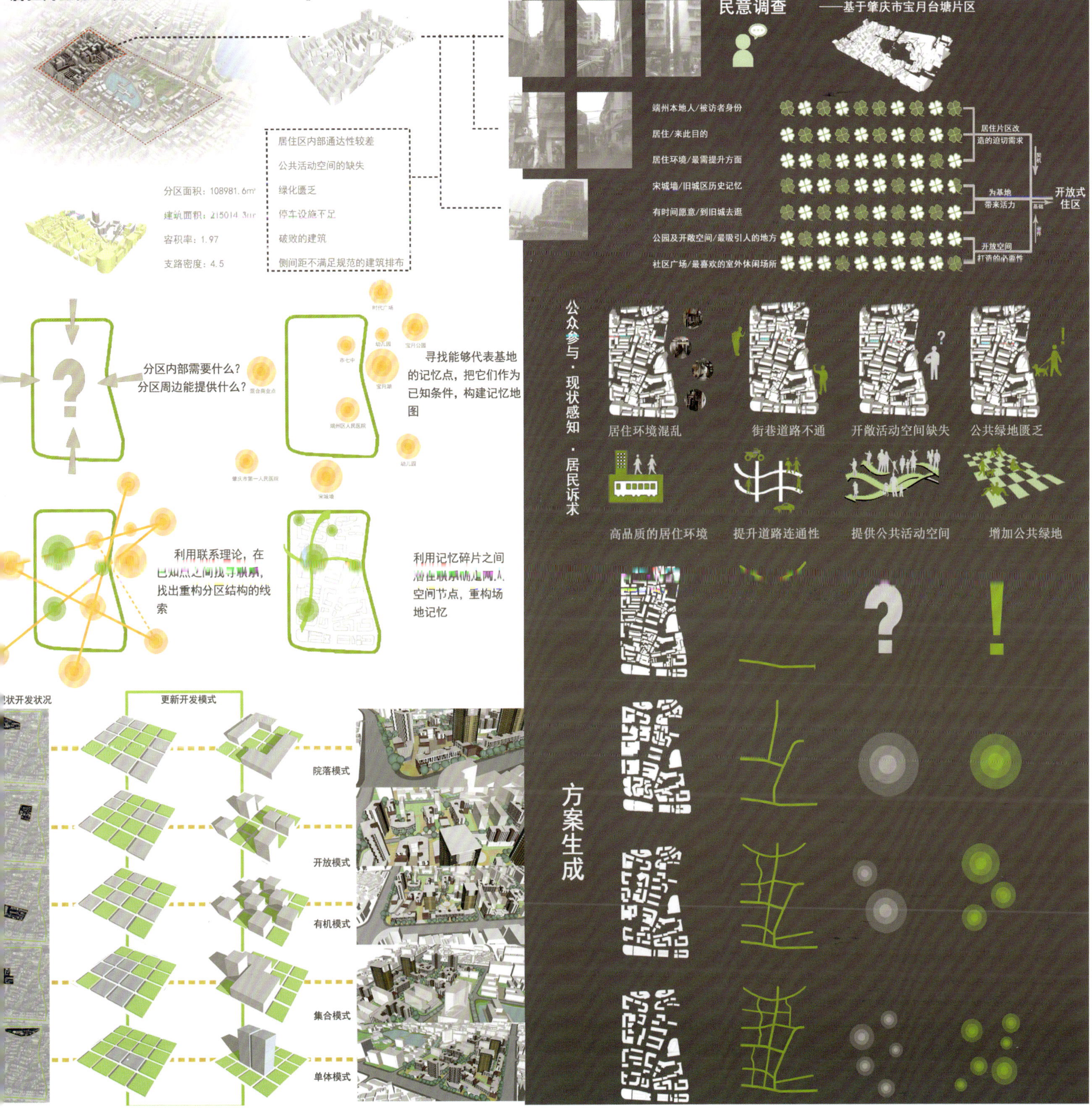

分区面积：108981.6㎡
建筑面积：215014.3㎡
容积率：1.97
支路密度：4.5

- 居住区内部通达性较差
- 公共活动空间的缺失
- 绿化匮乏
- 停车设施不足
- 破败的建筑
- 侧间距不满足规范的建筑排布

分区内部需要什么？
分区周边能提供什么？

利用联系理论，在已知点之间找寻联系，找出重构分区结构的线索

寻找能够代表基地的记忆点，把它们作为已知条件，构建记忆地图

利用记忆碎片之间潜在联系构成两人空间节点，重构场地记忆

现状开发状况 | 更新开发模式

- 院落模式
- 开放模式
- 有机模式
- 集合模式
- 单体模式

民意调查——基于肇庆市宝月台塘片区

调查项	
端州本地人/被访者身份	居住片区改造的迫切需求
居住/来此目的	
居住环境/最需提升方面	
宋城墙/旧城区历史记忆	为基地带来活力
有时间愿意/到旧城去逛	
公园及开敞空间/最吸引人的地方	开放空间打造的必备件
社区广场/最喜欢的室外休闲场所	

→ 开放式住区

公众参与·现状感知·居民诉求

- 居住环境混乱
- 街巷道路不通
- 开敞活动空间缺失
- 公共绿地匮乏

- 高品质的居住环境
- 提升道路连通性
- 提供公共活动空间
- 增加公共绿地

方案生成

广东省肇庆市宝月台塘片区旧城更新城市设计
四校联合毕业设计

运用链接的手段，对居住区进行改造转型，达到高效的复合，打造高品质开放式住区。

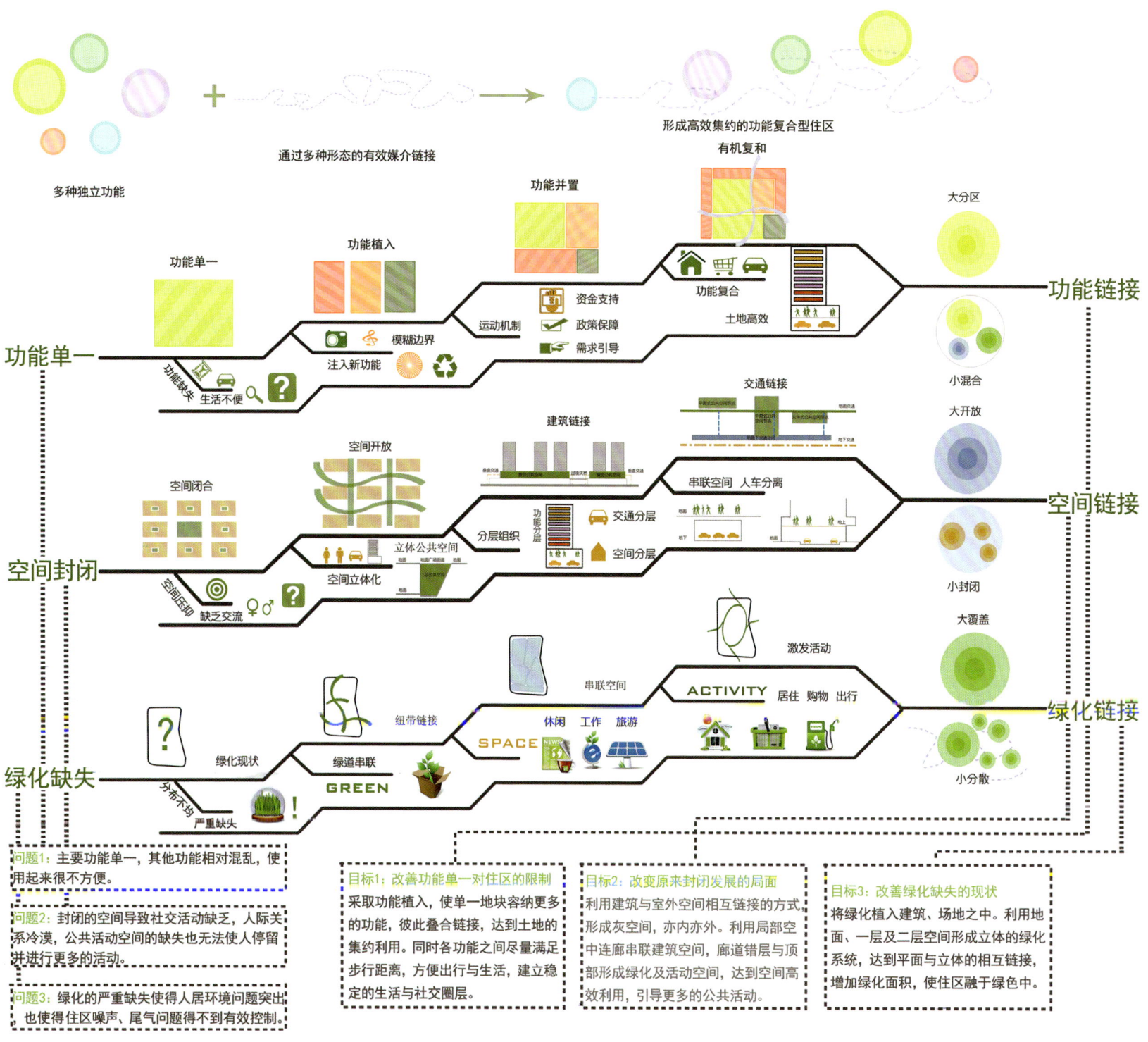

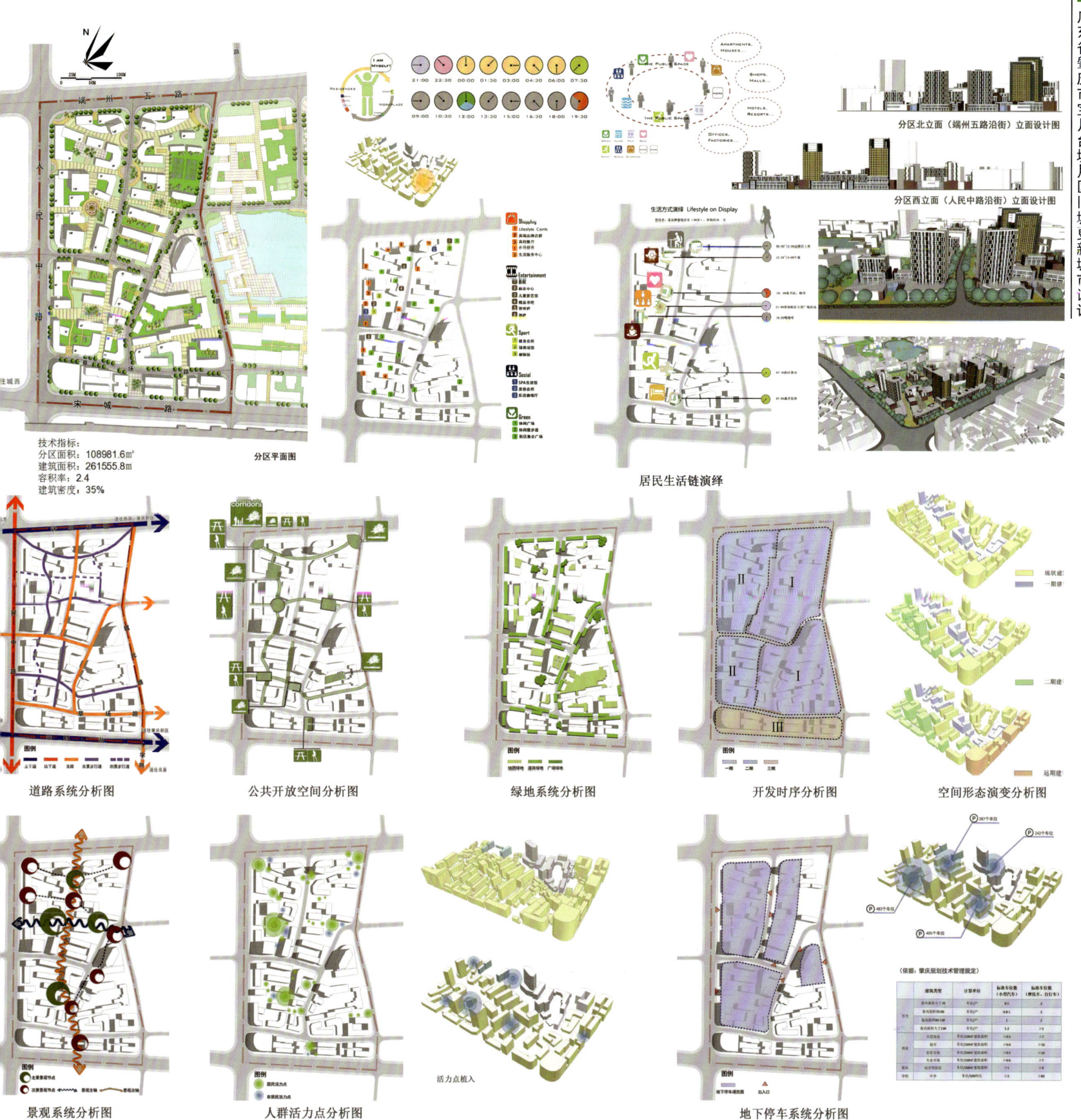

临城·迎星——广东省肇庆市宝月台塘片区旧城更新城市设计

指导教师：陈桔
作者：吕柯芸　白丹
学校：昆明理工大学

工作框架

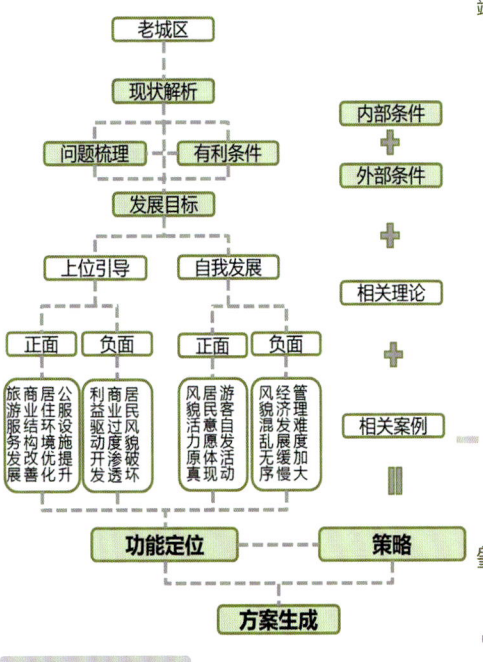

区位分析

端州区在肇庆的位置

端州区是肇庆市政治、经济、文化中心。南临西江，北靠北岭山，东邻鼎湖山，西与高要市小湘镇接壤。

规划区域在端州区的位置

规划区位于端州区中南部，东邻天宁北路，南邻宋城路，西邻人民中路，北邻端州干道端州五路。规划区北邻七星岩风景名胜区，南邻历史文化名城宋城。

经济分析

肇庆市第三产业增加值（亿元）

2000年	2005年	2009年	2010年	2011年	2012年	2013年
104.93	200.36	376.98	438.94	510.72	554.41	606.59

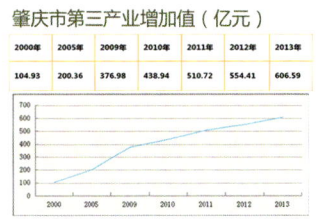

肇庆市国际旅游外汇收入统计（万美元）

2000年	2004年	2005年	2008年	2009年	2010年	2011年	2012年	2013年
6264	4594	4718	4685	8089	12440	32731	48689	55441

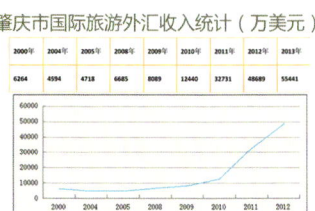

从肇庆市第三产业2000年——2013年的数据来看呈持续增长，说明具有良好的发展态势，且在国际旅游方面有较为明显的发展趋势。

历史沿革

肇庆建都时段：南海郡(-214)、高要县(-111)、苍梧郡(226)、高要郡(507)、端州(589)、信安郡(607)、端州(621)、高要郡(742)、端州(758)、兴庆府(1113)、肇庆府(1118)、肇庆路(1279)、下路(1280)、湖广·行省广南西道(1287)、肇庆府(1368)、广肇罗道治所(1645)、肇庆镇(1935)、肇庆镇(1940)、肇庆镇（县级）(1949)、肇庆镇(1952)、肇庆市（县级）(1961)、肇庆市（地级）(1988)、肇庆市（省辖市）(1998)

肇庆历代格局建构

立城早期

城市集中于古城内部发展

民国

城市不再局限古城内部发展，开始沿西江流域横向发展

20世纪80年代

交通的发展促使城市加速扩张城市向东西大量扩张

2000年

端州区城市发展空间相对局限，开始向东部鼎湖区扩张

2015年
端州区和鼎湖区朝东西向大力扩张

上位解析

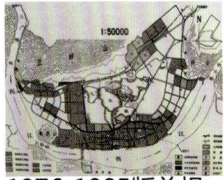

1976-1985版总规
保护风景资源，建设具有特色的风景旅游城市

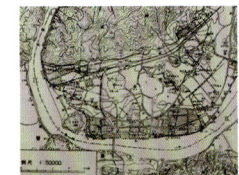

1986-2000版总规
风景旅游城市，区域的政治、经济、文化、科技中心

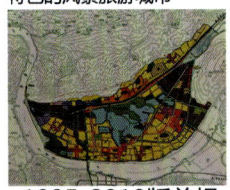

1995-2010版总规
西江中下游的中心城市，以旅游为主，轻工业为基础，具有历史文化名城和风景旅游特色的现代化花园城市

2012-2020版总规
国家历史文化名城和风景旅游城市，肇庆市政治、经济、文化中心

端州"城——江"变迁

宋城在历史的发展中，一直处于城市的中心地带。

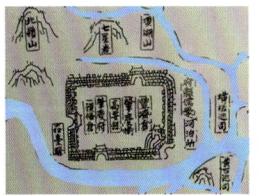
明嘉靖

明万历

清康熙

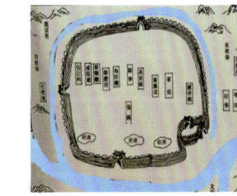
清雍正

基地周边环境解析

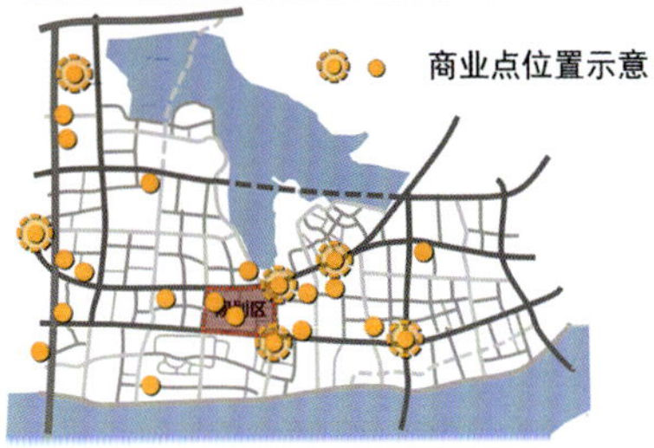

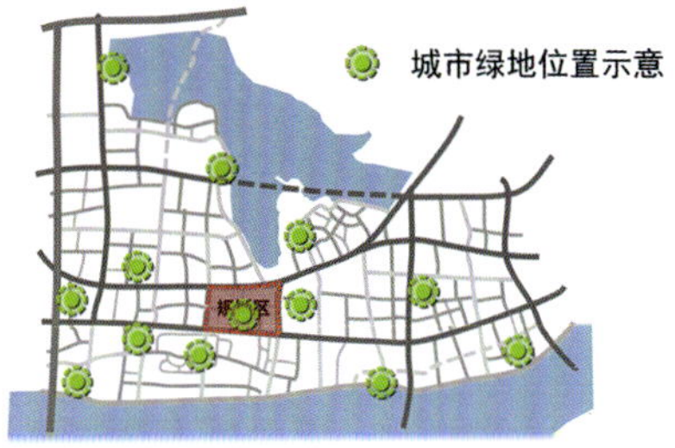

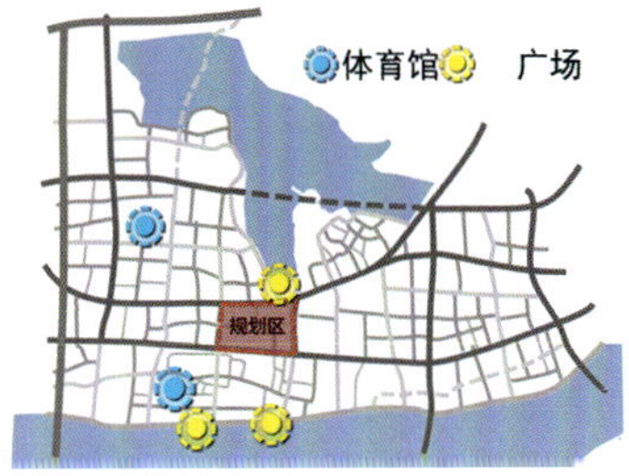

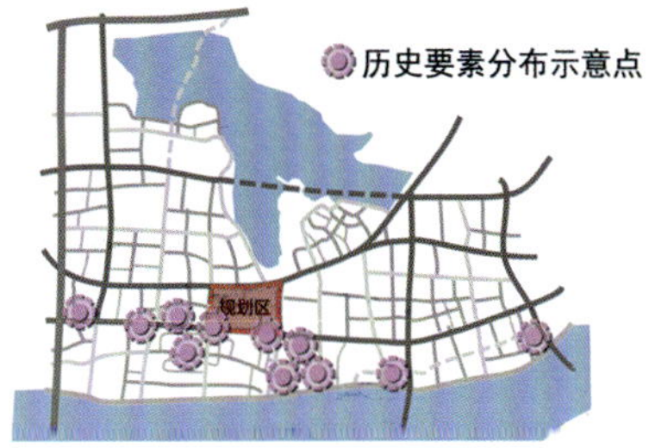

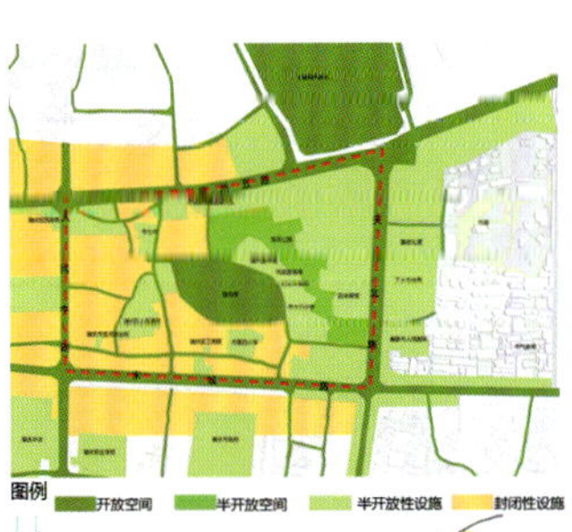

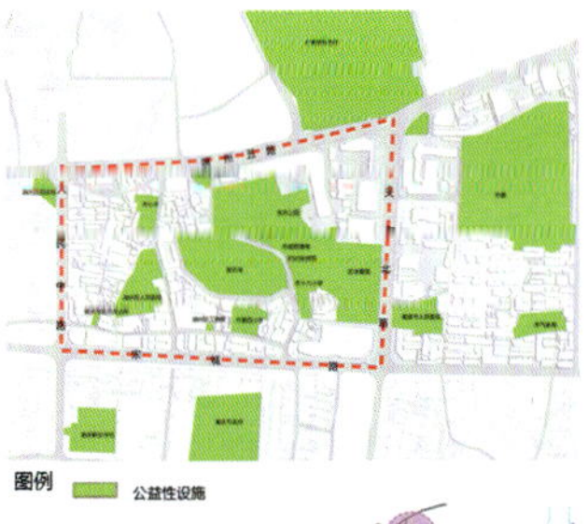

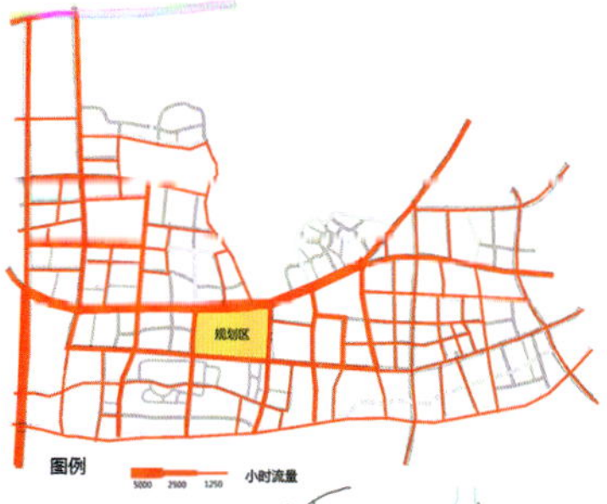

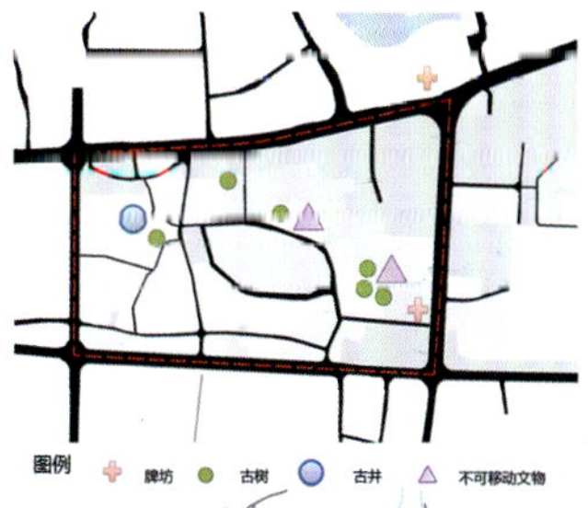

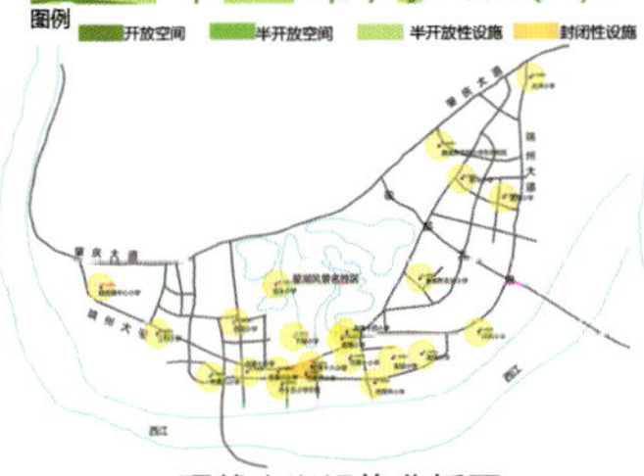
现状小学设施分析图

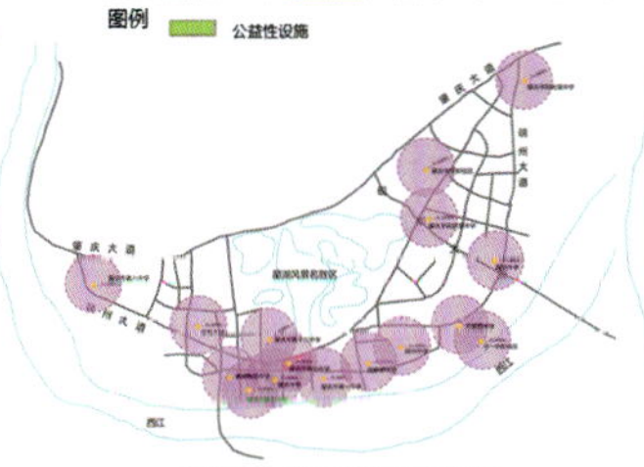
现状中学设施分析图

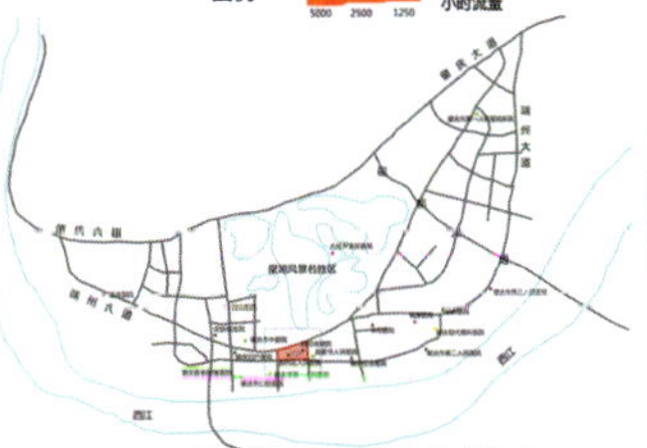
现状医疗设施分析图

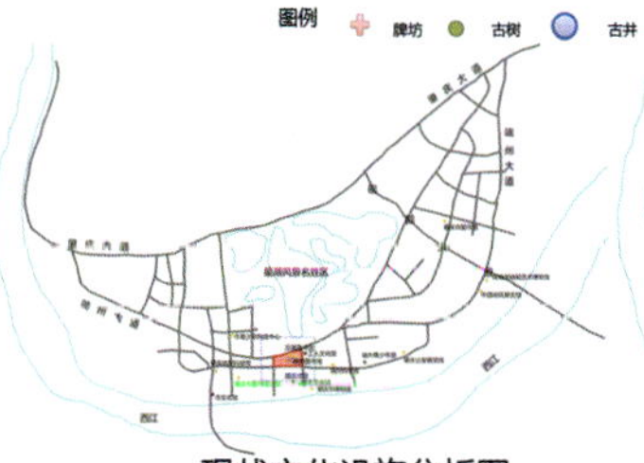
现状文化设施分析图

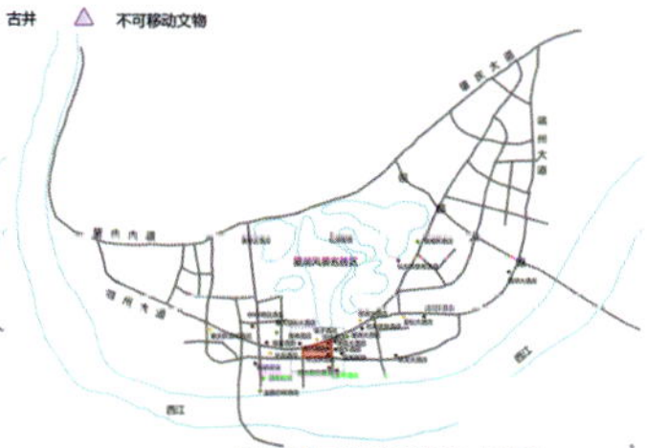
现状酒店设施分析图

基地现状分析

用地一览表

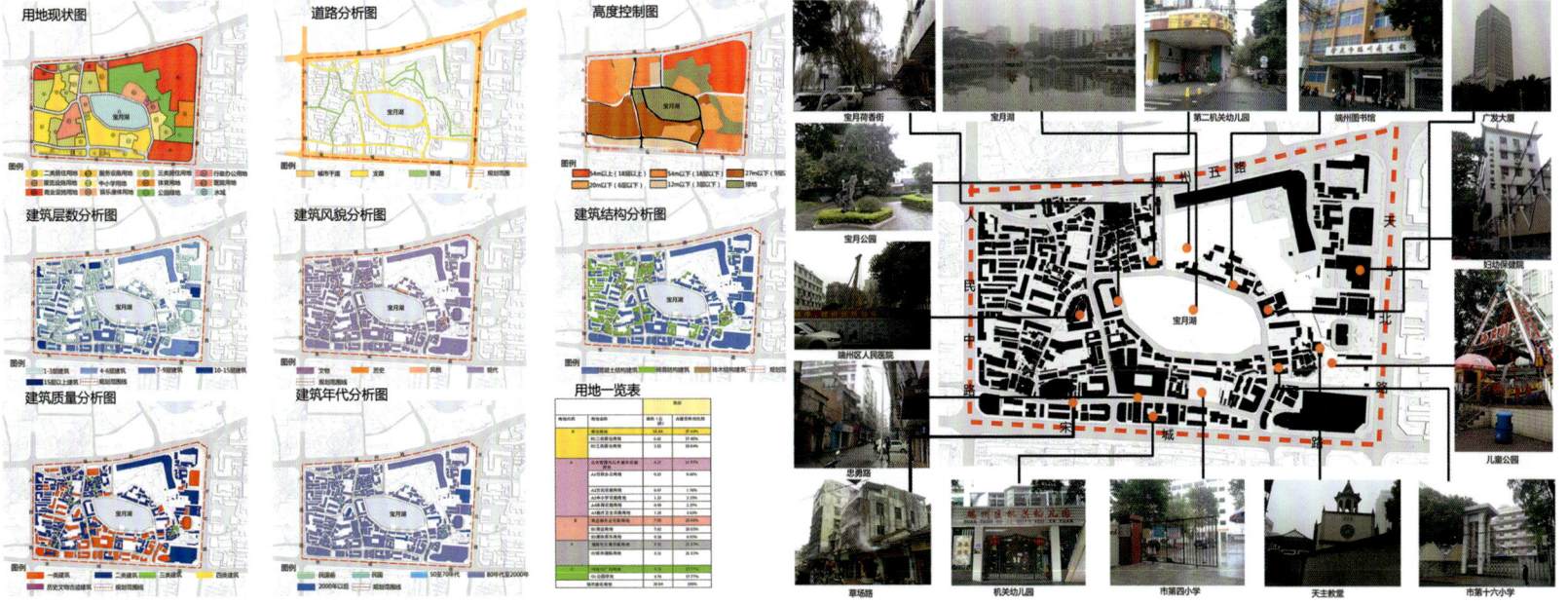

现状问题解析

	1	2	3	4
目标	区位优势	公共空间优势	服务设施优势	地道居民氛围优势
	如何发挥地块自身区位优势，加强七星湖景区与宋城墙之间的联系？	怎样使优势公共空间资源优势正面效应可以得到充分发挥？	如何提高当地居民生活品质，保持规划区的宜居性？	如何维持本地原住民生活风貌特色，还原其邻里原味？
	如何体现老城核心地带价值及符合上位相关规划？	如何弱化开敞空间边界，使其连贯有系统性？	如何解决地块内部交通不畅通，设施自身封闭？	如何改善居民消费水平不足，带动地块内部经济？

主题解析

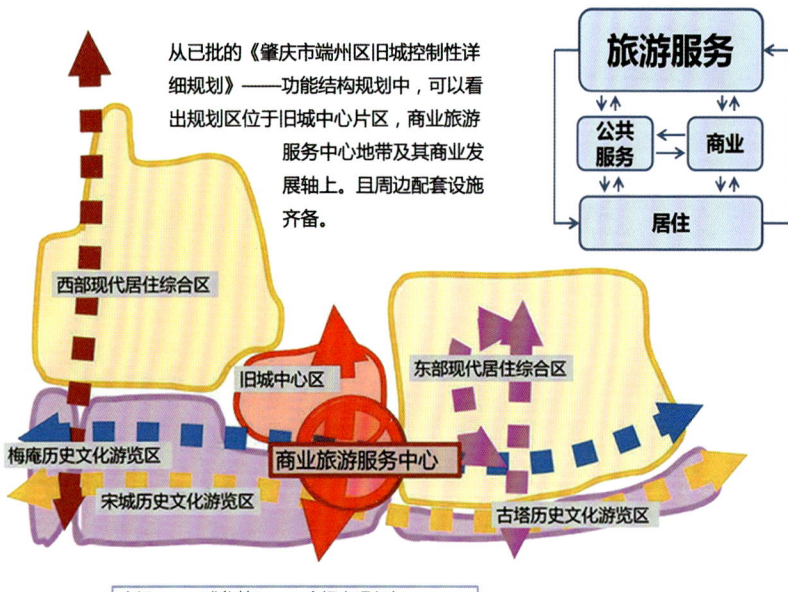

从已批的《肇庆市端州区旧城控制性详细规划》——功能结构规划中，可以看出规划区位于旧城中心片区，商业旅游服务中心地带及其商业发展轴上。且周边配套设施齐备。

地块位于肇庆市重要的景区七星岩风景区和宋城的连接位置，既要满足地块内部居民原本生活，也要符合定位中提到为游客服务的功能，必须是地块功能更为丰富化，从而达到共生共赢的状态。

临城·迎星

字面意义——
靠近宋城墙及七星湖景区也直接反映我们所强调的地块最重要的优势

临	地理区位的临近 + 现状问题的面临
城	具象指宋城墙 + 泛指地块为城市一部分
迎	地理区位的迎合 + 未来规划范围的展望
星	具象指七星湖景区 + 泛指未来充满活力的城市形态

历史文化街区空间与功能各种组合模式的性价比
（摘自南铜锣鼓巷可持续再生模式专题讲座）

照搬传统营造模式 ✗
全新城市地标建造模式 ✗
一味求快大刀阔斧式模式 ✗

传统空间与城市新功能复合，投资少，收益大，性价比高。

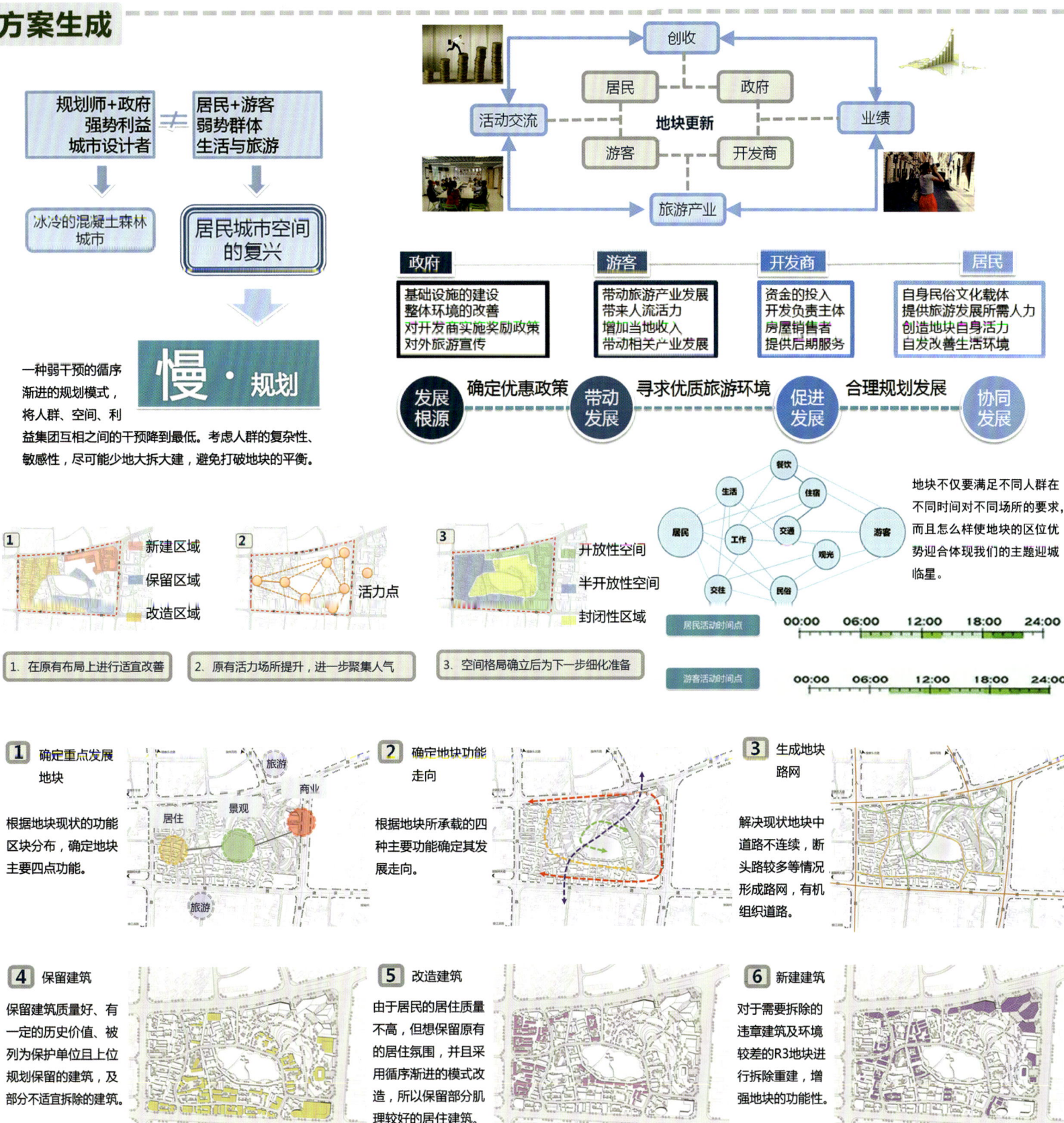

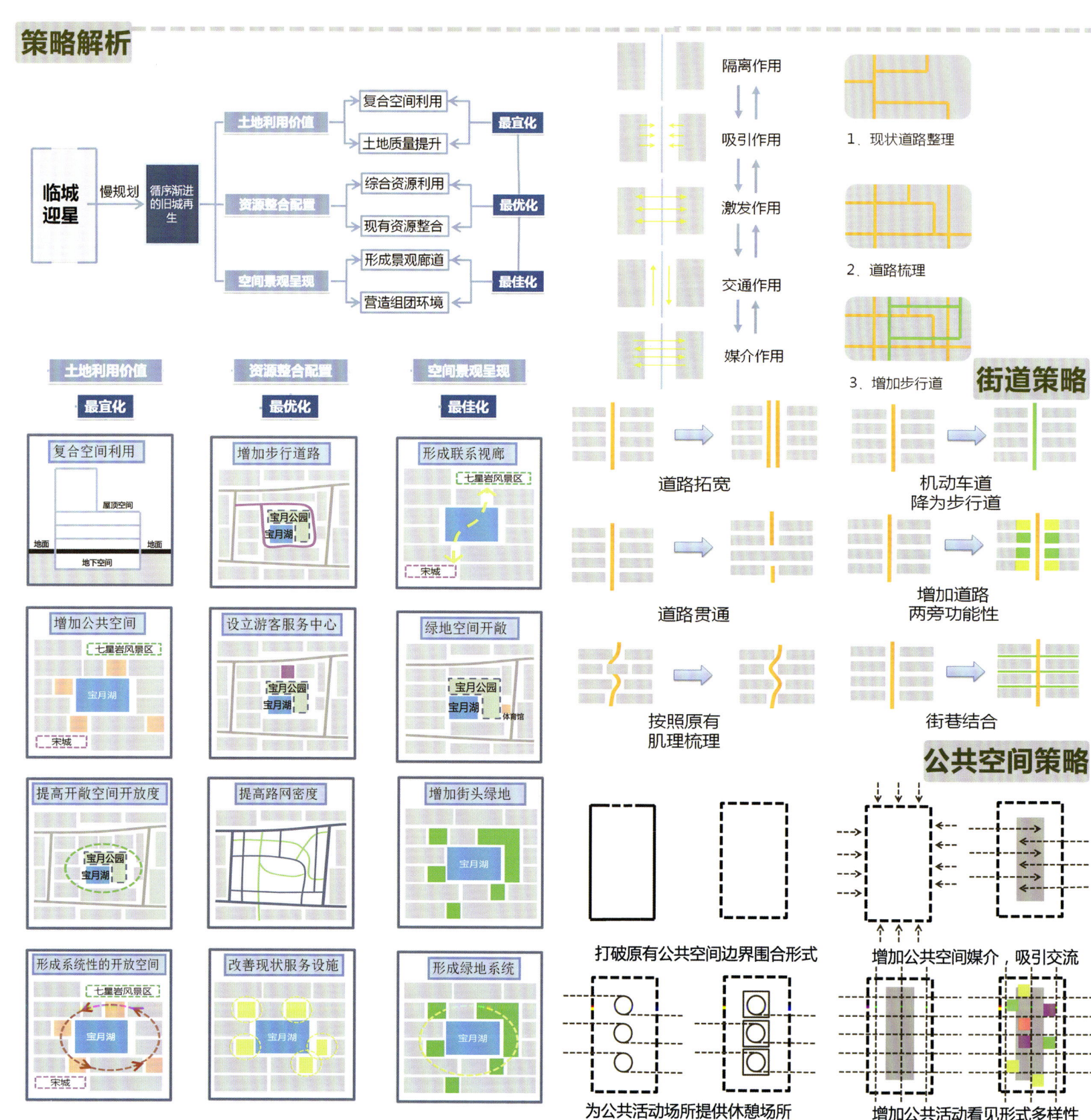

道路横断面

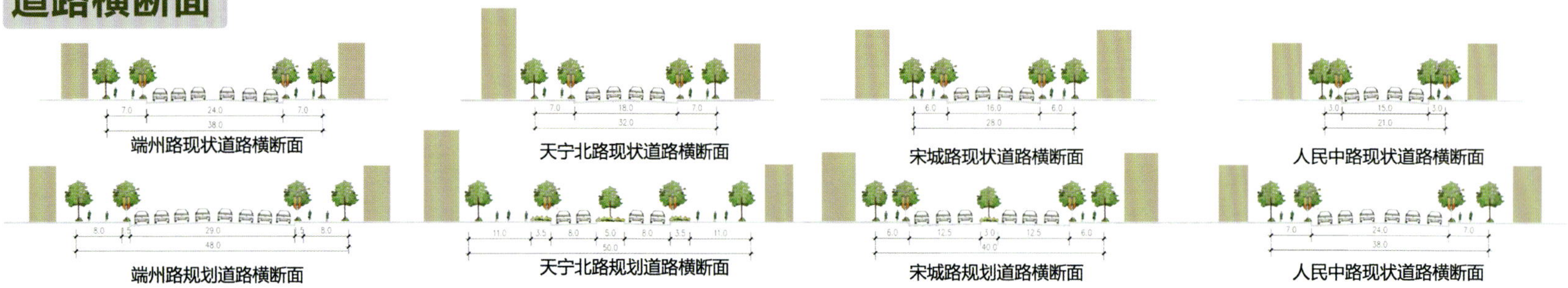

端州路现状道路横断面
天宁北路现状道路横断面
宋城路现状道路横断面
人民中路现状道路横断面
端州路规划道路横断面
天宁北路规划道路横断面
宋城路规划道路横断面
人民中路现状道路横断面

街巷空间变化

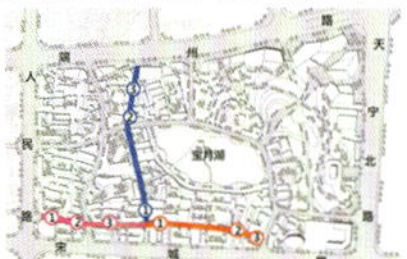

现状

D/H小于1

现状草场路与城北路两层建筑高度失衡，高层、多层、低层建筑混杂，界面尺度不佳，街巷多狭窄。

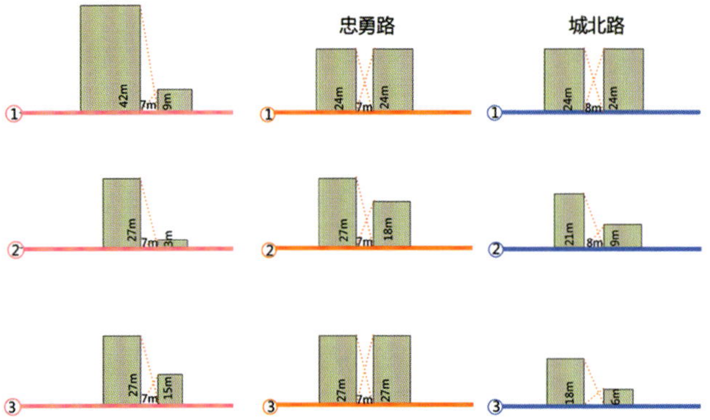

草场路
忠勇路
城北路

规划

草场路
忠勇路
城北路

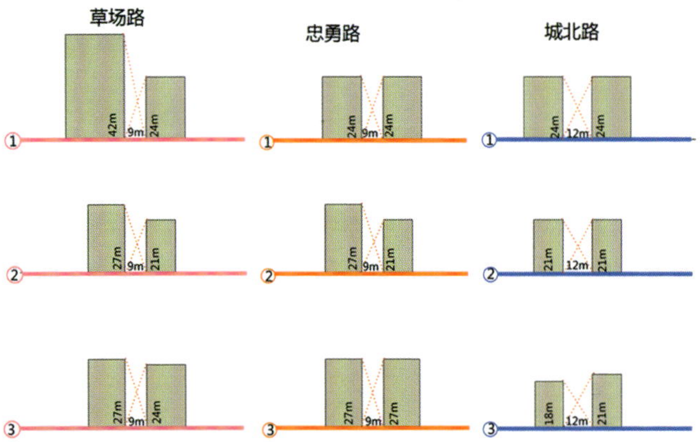

D/H趋于1

规划后通过扩宽道路来扩宽街巷尺度，保持建筑高度的平衡，增加街巷空间的活力和街巷尺度的舒适度。

重点地段设计

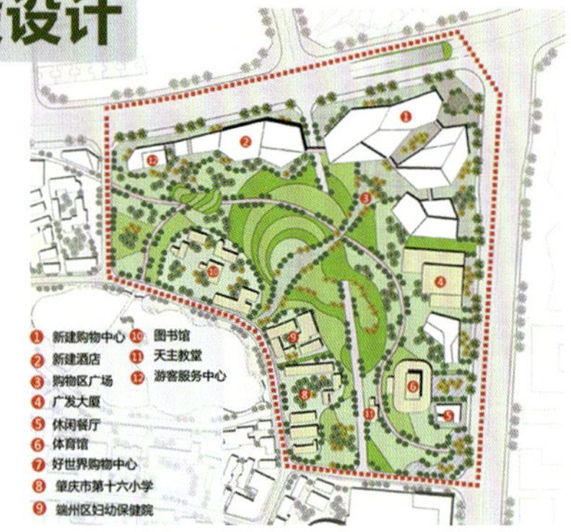

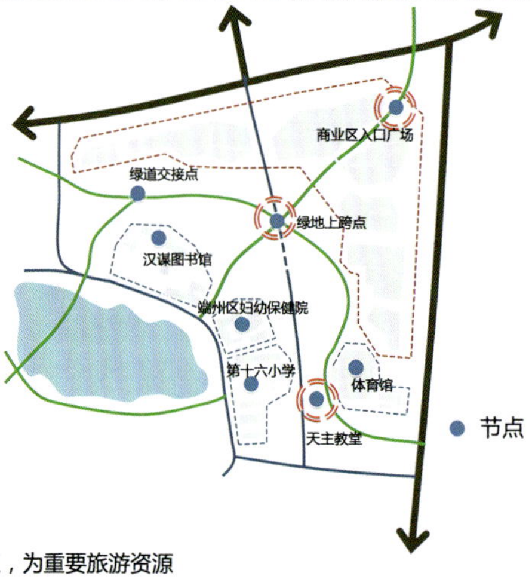

1 新建购物中心
2 新建酒店
3 购物区广场
4 广发大厦
5 休闲餐厅
6 体育馆
7 好世界购物中心
8 肇庆市第十六小学
9 端州区妇幼保健院
10 图书馆
11 天主教堂
12 游客服务中心

商业区入口广场
绿道交接点
绿地上跨点
汉谋图书馆
端州区妇幼保健院
第十六小学
体育馆
天主教堂
节点

地块五要素

边界：
1. 端州路，是城市主干道，北面为七星岩风景名胜区，为重要旅游资源
2. 天宁北路是城市主干道，东面为端州主要商业核心区，具有较好的 商业优势
3. 环宝月湖路，靠近地块重要公共资源

区域：
1. 商业区域，位于端州区核心商业区
2. 公共服务设施区域，均为保留改造，使其公共性得以发挥
3. 绿地景观区域，由宝月公园改造而来，是城市核心区不可多得的资源

效果图1

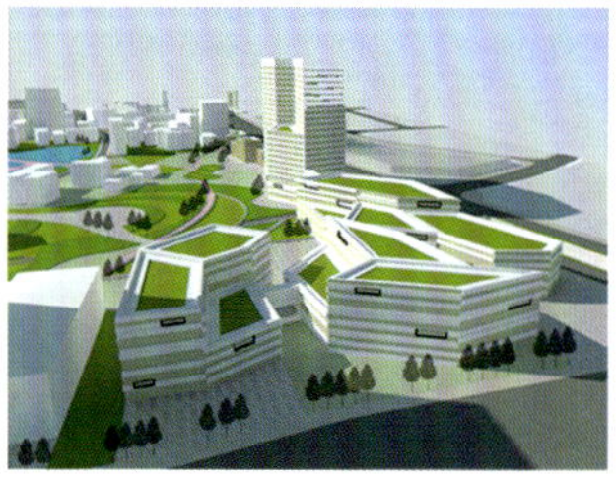

标志物：
1. 商业区入口广场，是连接七星湖景区的重要视廊入口
2. 机动车道上跨绿地，公园机动车道下坡，绿地抬高，增加绿地连贯性
3. 天主教堂，保留建筑，也是重要的历史要素

路径：
1. 城市主干道，地块临近城市两条主干道，具有良好的交通区位优势
2. 机动车道，形成通达性良好的机动车道，增强与外界的联系
3. 步行道，增加步行道路且形成步行道路系统
4. 绿道，增强七星湖景区、宝月湖地块及宋城的联系

效果图2

商业
人行道
绿化
车行道
绿化
盖板
绿化
车行道
绿化
人行道
广场
车行道

商业
停车场
步行道
绿地
水面

公园绿地
车行道
商业区

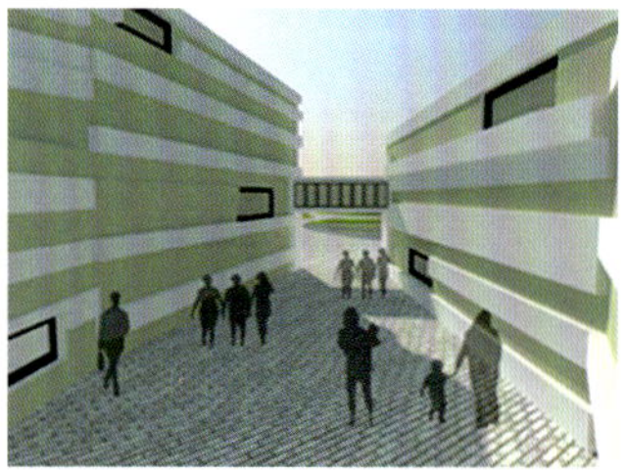

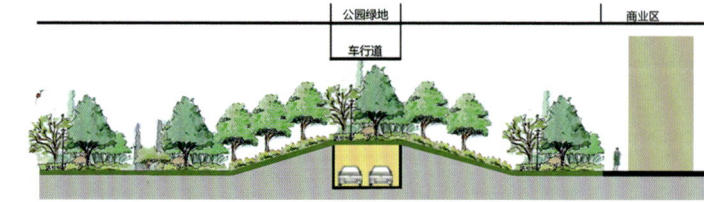

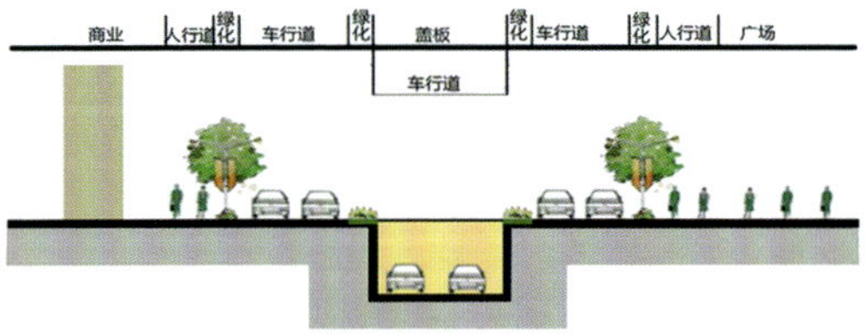

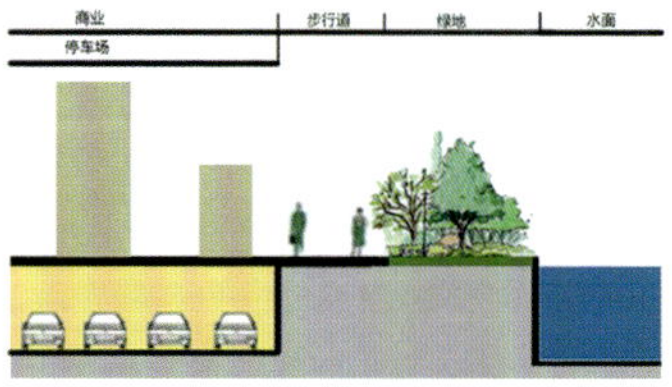

效果图

沿街立面图

宋城路立面图
天宁北路　　端州路　　人民路

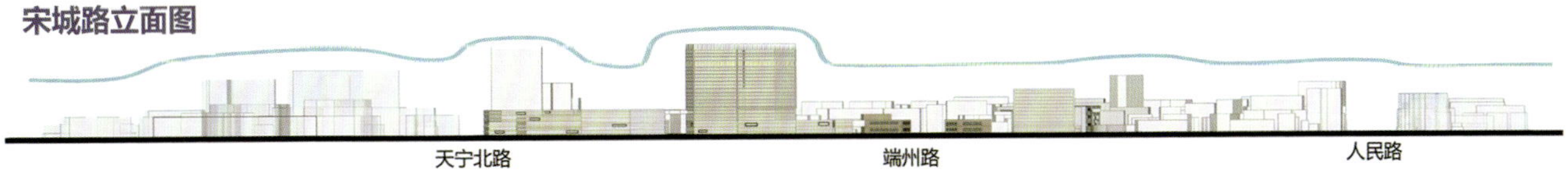

端州路立面图
人民路　　宋城路　　天宁北路 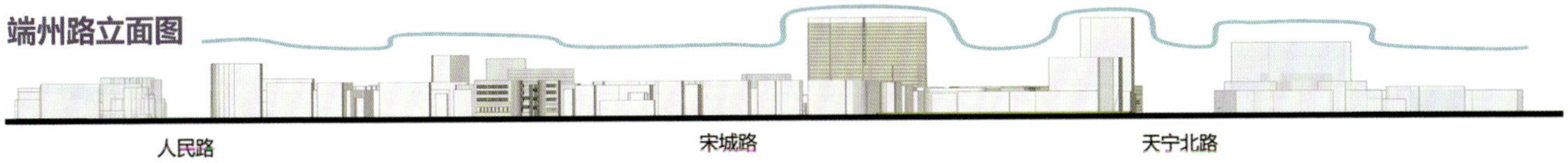

人民路立面图
端州路　　人民路　　宋城路

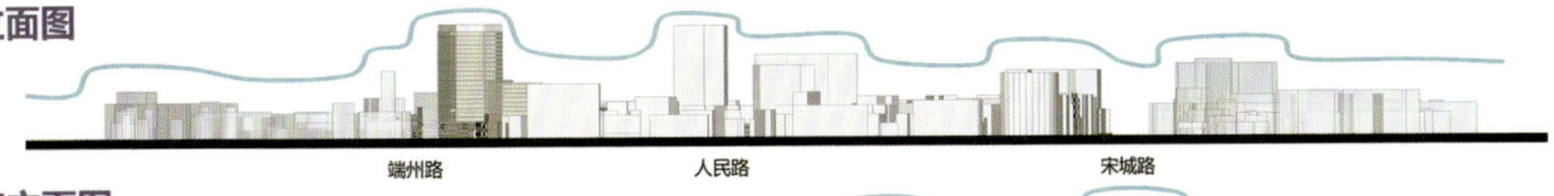

天宁北路立面图
宋城路　　天宁北路　　端州路

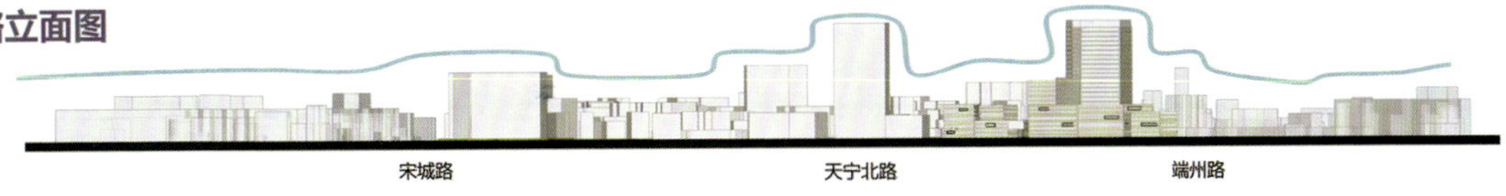

效果图3

效果图4

广东省肇庆市宝月台塘片区旧城更新城市设计 ｜ 四校联合毕业设计

毛梦维：各种机缘巧合参加了这次联合毕业设计，回头看来，三个月的时光确实不轻松。除了专业知识上的收获，也希望在往后的日子里，自己能锻炼身体、享受每天，保持那颗爱自己的心，以一颗平和的心态去面对生活的种种。

文婷：三个月的时间，最终圆满地完成了大学的最后一个设计。这段时间，我们进行了思想上激烈的碰撞，过程很曲折，但是我们从中不断进步，学到了很多东西，挖掘了自己很多的潜能，只要认真静下心来做，一步一步就能做出自己想要的东西。有幸认识了各位老师与同仁，非常感谢老师们的不吝指导和队友们的相互理解与包容。

三个月的时间大家完成了一次特殊的作业，在这段时间里，大家也学到很多东西，最后成果中每一个细节都是我们推敲碰撞得出的结果，让我们回忆起那些加班熬夜的时刻。感谢各位老师是细心指导，感谢省规划院的支持与肯定，感谢小伙伴们带给大家人生一次美好回忆。最后，希望更多的同学来参加这样特殊的专业设计活动。

莫俊超：第一次参加四校联合毕业设计，没想到是这么辛苦这么累，无数次熬夜，幸运的是团队完成了各个环节的工作，并呈现出了一份满意的成果。通过这次竞赛，认识了很多有趣的小伙伴。

陈陆洋：三个月，大学期间最后一次课程设计，伴随着在昆明的答辩终于落下了帷幕。从最开始知道能参与到四校联合毕业设计时的兴奋，到中途方案探索时的迷茫，到最后团队齐心协力克服困难时的勇气，都已经成为我心里最美好的一段回忆。感谢所有一直帮助我们的各位老师，感谢三个月来一直相互扶持的小伙伴们，愿我们友谊长存！

黎鸿：很开心能参加这次活动，不仅让我学到了很多，更是让我认识了很多同学。这将是我大学难得的回忆，老师们细心地教导，让我非常感动，同学们热情开朗，我会永远记住大家。

 南昌大学

NANCHANG UNIVERSITY

冉小刚：三个月联合毕业设计的结束给我的大学课程设计画上一个完美的句号，这次联合毕设让我受益匪浅，不仅在老师细心教导下学到很多专业知识，学到了一些专业素养，还认识了很多朋友，同时和其他院校交流。在这期间我们经历太多波折，也是人生一次难得的经历，感谢一路上不辞辛苦细心指导我们的老师，也感谢热情的小伙伴们，我们的未来会更加美好。

"嵌·聚"——广东省肇庆市宝月台塘片区旧城更新城市设计

指导教师： 周志仪

作者： 毛梦维　文婷　莫俊超

学校： 南昌大学

[鸟瞰图及节点透视]

风景·鸟瞰安

山横庆野对城闲，西江派结波蓬莱。
星湖溪汉眼波横，宝城青眉峰在。
四塔擎天天宇稳，七星伴月月窗闲。
日暮乡关何处是？岭南名郡雁人来。

旧城谱-传统商业

旧城谱-怡情居住

旧城谱-综合服务

旧城谱-康体休闲

广东省肇庆市宝月台塘片区旧城更新城市设计

四校联合毕业设计

[区位分析]

随着珠三角高速公路、城际轨道的建设拉近了肇庆与珠三角核心区的时空距离，得以融入"珠三角一小时经济圈"，肇庆这个珠三角边缘城市将逐渐成为珠三角

肇庆市是国家级历史文化名城，地处广东省中部偏西，西江中下游，属于珠三角经济区范围，距广州90多公里，是粤港澳通往广西、云南等地的重要枢纽

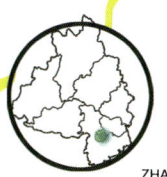

端州区，是肇庆市政治、经济、文化中心。南临西江，北靠北岭山，西与高要市小湘镇接壤。有着2000多年的历史

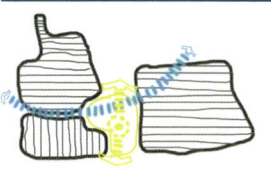

规划区位于肇庆市端州城区中心位置，背面紧邻七星岩风景区，南接宋城古城，与西江相距约700米，是老城区公共服务能力升级，提高城市形象的**重要载体**

宏观区位 中观区位 微观区位

[上位规划解读]

在上位的《端州城区旧城控制性详细规划》中，历史名城保护规划确定了宋城历史文化保护区，并对集中体现肇庆古城风貌特色的核心城区进行区域控制。
通过分析初步提取四大元素：岭南、历史、居住、旅游服务

[建筑GIS评价]

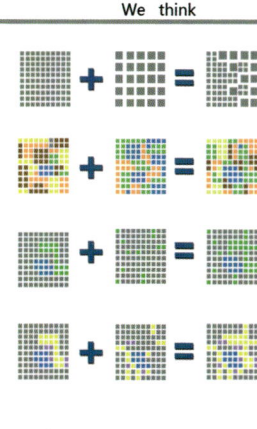

建筑结构：砼结构建筑、砖木结构建筑、砖混结构建筑

建筑高度：1-6层建筑、7-15层建筑、15层以上建筑

建筑质量：二类建筑、一类建筑、三类建筑

建筑年代：80年代以前、2000年以后、80年代-2000年

建筑风貌：现代建筑、文物建筑、历史建筑

综合评价：Propose Removing、Reserve if possible、Remove if possible、Propose reserving

[基地三维分析]

形态维度

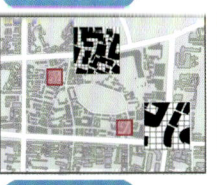  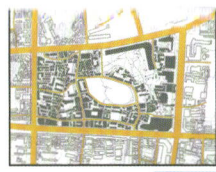 

肌理分析：传统片区，传统肌理主街及次级道路连接的居住街区，以4m网格为主，辅以2m网格。新建商业及广场：基地南部及东部的公共服务设施用地，以10m网格为主。

路网分析：1.基地主次干道发达，支路欠缺，东片区可达性不强。2.停车位不足，主要靠路边停车。尤其是宝月湖道或周边景观或亲水性较差。

街道分析：基地内部街宽比基本小于1，街道的肌理不仅形成了空间，也塑造出"邻里街坊"的地缘人缘关系，在设计中应予以保留与延续。

公共空间分析：基地内的公共空间以公建的附属场地为主，内聚型，缺少对外开放，广场绿地较少，市民缺乏停留空间，难以形成积极的场所。

认知维度

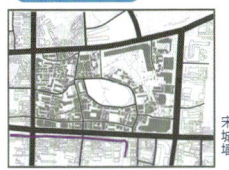 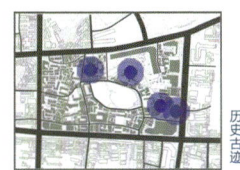 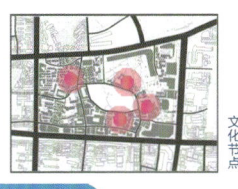 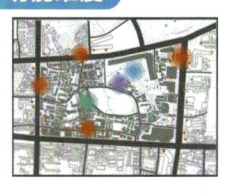

宋城墙 历史古迹 文化节点 认知

功能维度

购物网：宾馆、超市、商业街、零售、家具、电器、市场等提供日常生活所需商品的场所。
活动网：体育馆、宋城墙、活动中心、景区、公园、广场、街头及院落空地等场所。
社交网：餐饮店、咖啡厅、棋牌室、足浴中心、理发美容、摄影、餐厅酒楼、文化馆、书店等社会交往联系场所。
认知网：派出所、政府楼、银行、税务、文化馆、学校、工厂、公共服务及指向性和标识性强的场所。

购物 活动 社交 认知

社会维度

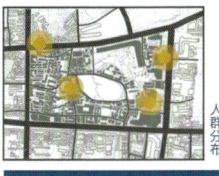 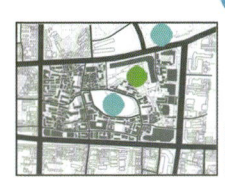

人群分布 资源分布

时间维度

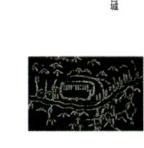 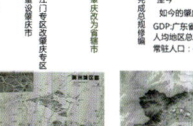 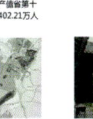  

历史 History：1949、1961、1958、1988、2012至今
如今的肇庆：GDP广东省排名第十，人均地区总产值省第十，常住人口：402.21万人
端州古城 设西江 江门7号区改革实验区 重设肇庆市 完成西江大桥

文化 Culture：公元前111、公元前201、公元前18年、公元前277年、公元前1641年、公元1905年、80年代、20世纪初、至今
西江文化、岭南文化、湖湘文化、书法文化、佛像文化、阅江书院、龙母庙、菜市场、历史文化街区

[基地问题及策略]

【望】我们看到　We saw　　【闻】我们听到　We heard　　【切】我们思考　We think

形态维度 公共空间分布不均，支路欠缺，停车混乱步行环境较差，建筑较久，风格不统一。

认知维度 本地人与游客之间存在差异，类似理想与现实的矛盾。

社会维度 场地提供不足，宝月湖岸线公共性差。

功能维度 缺乏停留空间，未形成舒适的购物氛围，认知网络特色缺失，社会网络简单。

时间维度 历史文化出现断层，基地出于衰退阶段亟需复兴，受外部开发影响交大，内部动力较弱。

居民：提供广场、巩固等活动空间，增加公共设施，创造就业。
游客：增加景色趣味性，提示城市服务能力，保持老城特色和魅力。
商会：扩大营业面积，增加商品多样性，视线地方特色。
政府：遵守法律规定，尽可能地创造巨大的经济效益。
专家：旧城改造在保护中发展，实现城市的可持续发展，平衡多方利益。
开发商：城市形象提升，促进产业多元化，保护老城的同时进行渐进式开发。

用地结构优化
1.用地布局调整、空间结构重构
2.道路体系提升、公共服务完善

平衡不同诉求
1.满足居民生活质量提升的诉求
2.在满足本地人的生活前提下为游客提供更完善的服务

嵌入活动场所
1.增强场所的开放性与公共性，合理满足不同人群对场所的需求

增强地域特色
1.强化承载特殊记忆的建筑物、标志物等
2.活动场地更强调舒适度与参与度

延续历史文脉
1.增加文化设施，宣传传统文化
2.根据基地自身优势，将潜在动力转化为实际动力

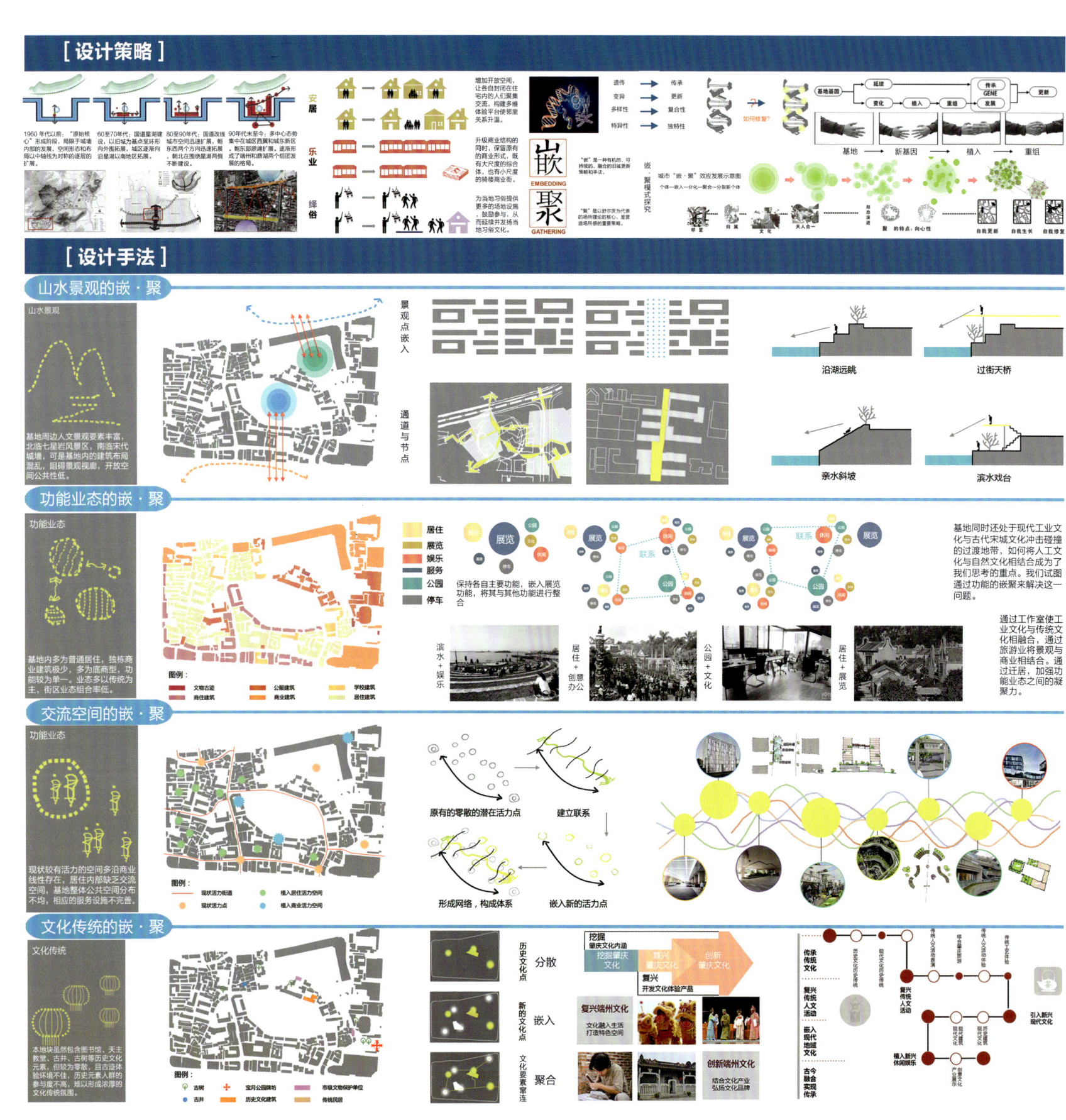

[场地设计原则]

 此地段，居住的多是程姓人家，这些居民都是北宋著名后裔，保留着程家的百年老屋。代表了这个地段的历史与文化，一些建筑质量较差的居住建筑适合改造成文化民俗展览馆，展示地块的文化和历史传承。

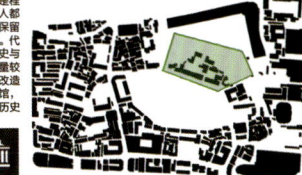 此地段，拥有著名人文景观汉谋图书馆，且自宜人的滨湖景观和较为完整的建筑群，适宜发展成为滨月文化区。

 基地拥有较为宜人的岸线和一个滨水点。结合岸线开发亲水空间，发展水边活动，打造良好滨水空间。

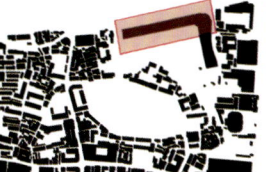  此地段，北为七星岩星湖风景区，南为宝月公园，背靠面水，拥有极好的地理位置条件，重点作为娱乐休闲区，在未来可成为肇庆市购物旅游胜地。

[方案推演]

Step1.山水景观的嵌·聚

绿化元素
水体元素

中国古代城市选址讲究风水堪舆:
北玄武——北方高而厚场地山体——鼎湖山
男朱雀——南方曲而蜿蜒的水体——西江

整个肇庆呈现"山湖城江"的城市结构，基地位于"山湖"与"江"连接的重要节点。

Step2.功能业态的嵌·聚

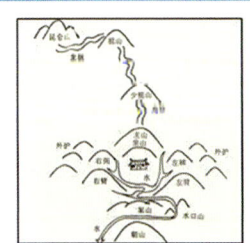

保留历史文化 + 拆除部分居住 + 增设公共设施 + 植入特色景观 + 保留塑造街巷空间

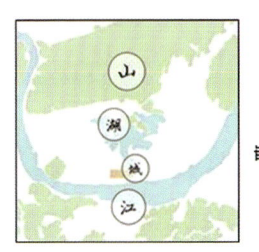

嵌入公共空间 + 文化 绿化 商业 居住 广场 = 功能的多样性

文化展览 居住建筑 学校建筑
民俗文化商业 商住建筑 商业建筑
文物古迹 商务建筑
公共服务 体育建筑

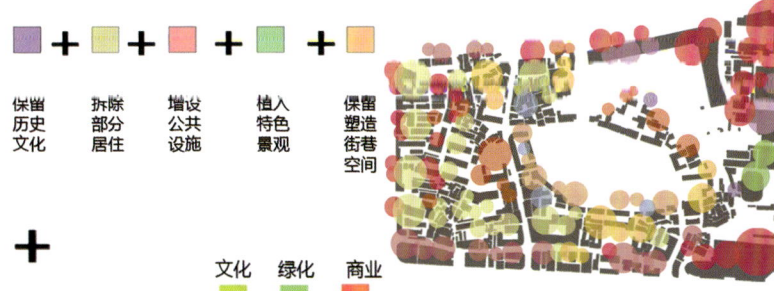

打通皇朝酒店，连通七星岩风景区与宝月公园的景观视廊，同时联系宝月公园与包月湖的慢性系统，并通过滨水戏台的景观节点，延续至宋代城墙。实现基地内与整个城市格局的呼应。

主要基地现状功能的不均衡进行功能的重构，通过功能多元化及相互融合，来提升街区的活力，使之更为健全的发展。

基地通过嵌聚文化展览、民俗文化商业、文物古迹、商务建筑等各功能使基地更加富有活力，富有人气息。不同功能的分布也形成不同的景观节点，给市民的出行提供了多样的选择，加强了市民的沟通交流。

Step3.交流空间的嵌·聚

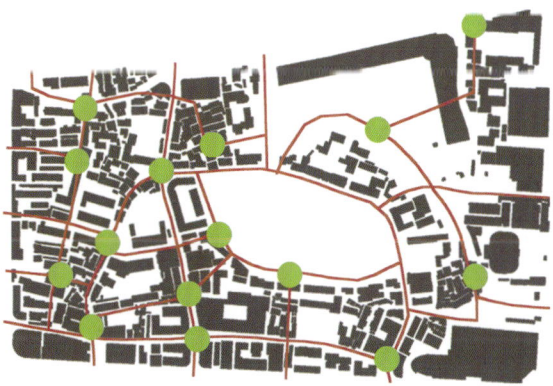

线性的活力空间
规划的活力空间节点

交流空间的增设，主要是以公共空间节点为基础，以点串联成线性的街道交流空间，再以线带面，引发街区人与人之间更多的交流。

选取住宅周围的开敞空间为活力点，设置公共空间，主要为当地居民提供交流活动的空间。

选取历史文化建筑及商业周围的开敞空间，主要为外来旅游者提供公共活动交流的空间。

Step4.文化传统的嵌·聚

历史遗存 + 传统文化 = 传统历史文脉

原有元素 + 嵌入新元素 = 文化传统融合

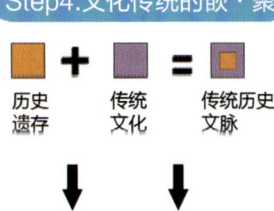

针对基地内历史文化要素零散散氛围衰退的现象，嵌入新的文化传统元素，如肇庆民俗展览馆、端砚体验馆等，将基地内的元素串联起来，以点带线，以线带面，实现整个基地的历史文化传统的复兴。

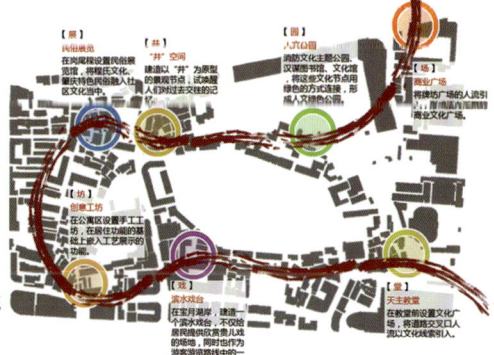

[场] [街]
[园] [坊]
[展] [堂]
[井]

历史文化信息的嵌聚主要是以文物保护、古迹及文化节点为点，以历史事件和文化两条线叠加成线，将整个旧城历史文化区作为面来打造。

[总平面图]

城乡用地平衡表

用地名称		面积（Ha）	比例
居住用地		7.48	20.95%
公共管理与服务设施用地		5.88	16.47%
其中	行政办公用地	0.21	16.47%
	文化设施用地	1.06	0.59%
	教育科研用地	2.25	2.97%
	体育用地	0.65	1.82%
	医疗卫生用地	1.71	4.79%
商业服务设施用地		8.69	28.84%
道路与交通设施用地		6.26	17.53%
绿地与广场用地		3.67	16.21%
合计：城市建设用地		35.71	100%

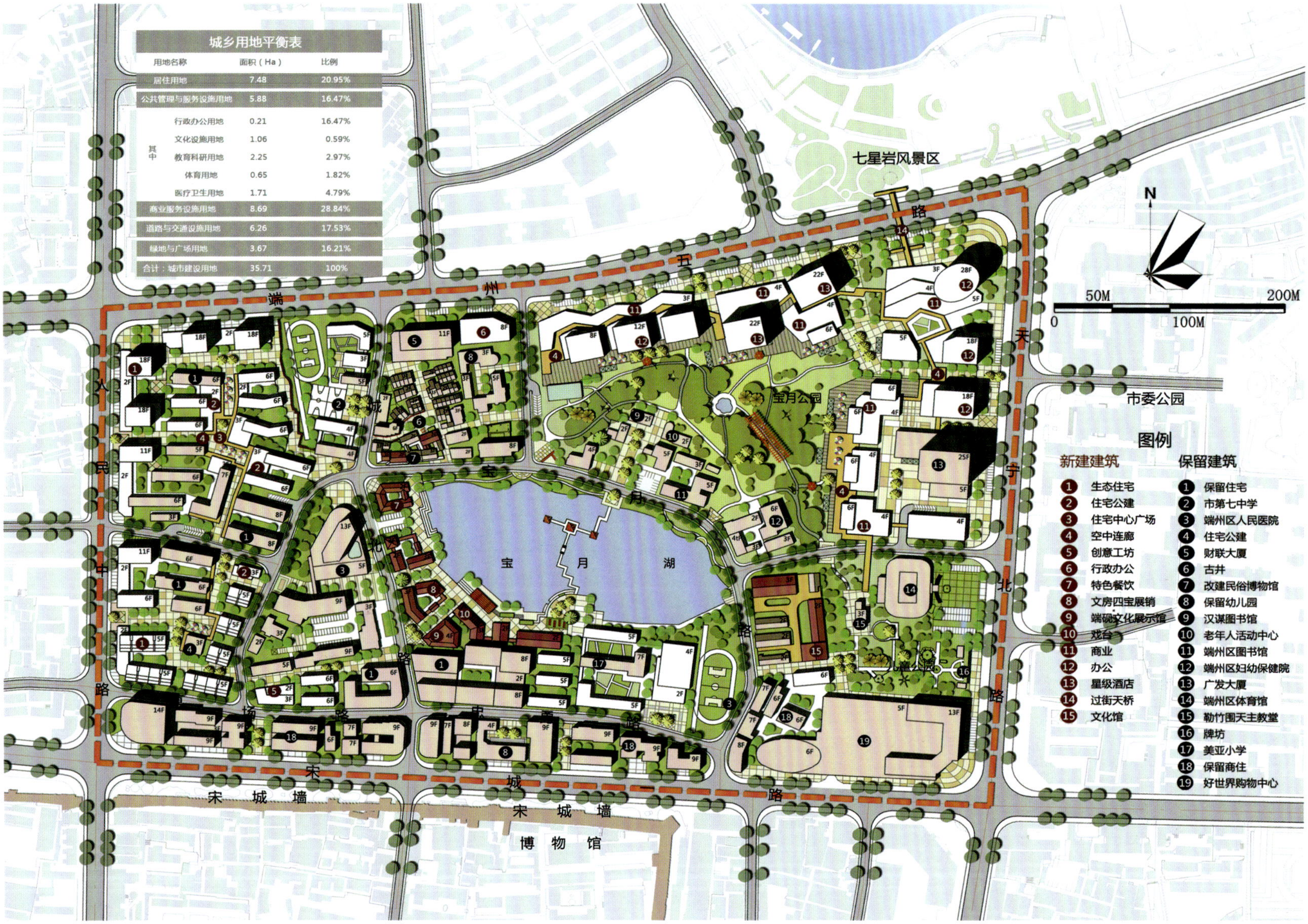

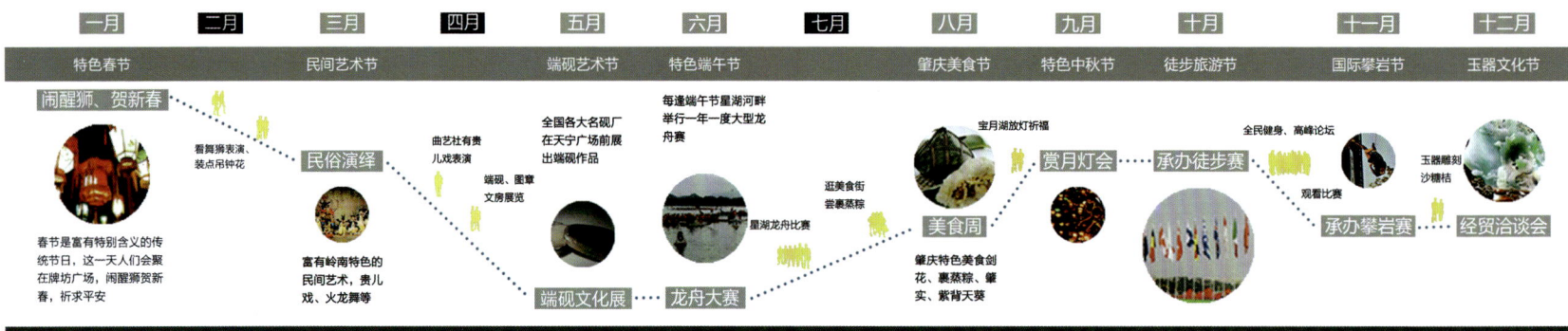

[季节性活动策划]

土地利用对比

现状 vs 规划

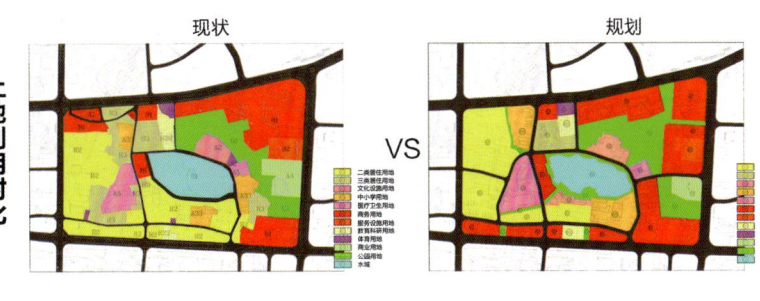

新旧肌理对比

 vs

空间句法理论作为一种新的描述建筑与城市空间模式的语言，其基本思想是对空间进行尺度划分和空间分割，分析其复杂的关系。空间句法将空间之间的相互联系抽象为连接图，再按图论的基本原理，对轴线或特征各自的空间可达性进行拓扑分析，最终导出一系列的形态分析变量。

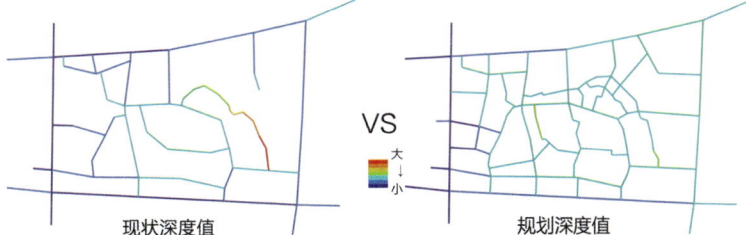

现状深度值 vs 规划深度值

深度值表达的是节点在空间系统中的便捷度，值越小，越便捷。

空间句法对比

现状集成值 vs 规划集成值

集成值表示节点与整个系统内所有节点联系的紧密程度，值越大，越紧密。

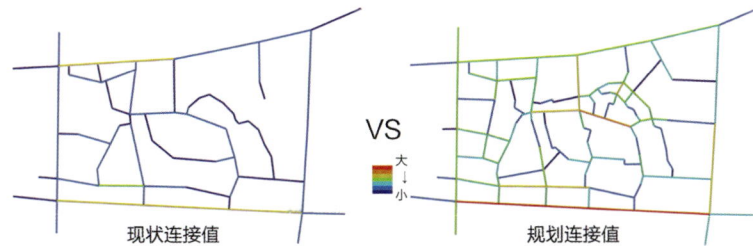

现状连接值 vs 规划连接值

连接值表示某节点邻接的节点个数，某个空间的连接值越高，则其空间渗透性越好。

四校联合毕业设计
广东省肇庆市宝月台塘片区旧城更新城市设计

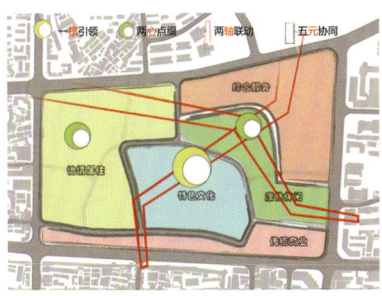
【功能结构分析】

【开发强度分析】

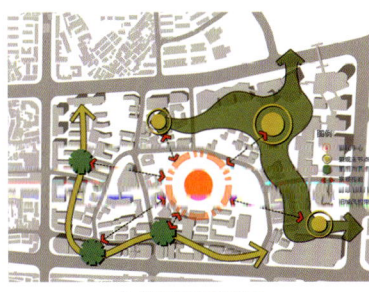
【景观结构分析】

【绿地景观分析】

【改造形式分析】

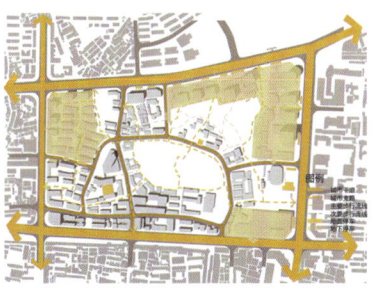
【道路交通分析】

【幼儿园服务半径分析】

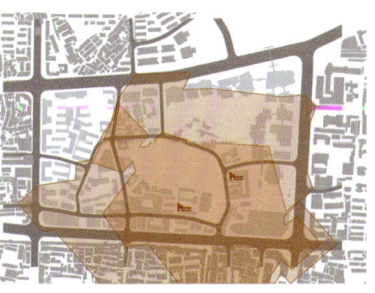
【小学服务半径分析】

各种机缘巧合参加了这次联合毕业设计，回头看来，三个月的时光确实不轻松。除了专业知识上的收获，也希望在往后的日子里，自己能锻炼身体、享受每天，保持那颗爱自己的心，以一颗平和的心态去面对生活的种种。
——毛梦维

三个月的时间，最终圆满地完成了大学的最后一个设计。这段时间，我们进行了思想上激烈的碰撞，过程很曲折，但是我们从中不断进步，学到了很多东西，挖掘了自己很多的潜能，只要认真静下心来做，一步一步就能做出自己想要的东西。有幸认识了各位老师与同仁，非常感谢老师们的不吝指导和队友们的相互理解与包容。
——文婷

第一次参加四校联合毕业设计，没想到是这么辛苦这么累，无数次熬夜，幸运的是团队完成了各个环节的工作，并呈现出了一份满意的成果。通过这次竞赛，认识了很多有趣的小伙伴。
——莫俊超

[重点地块详细设计——居住片区]

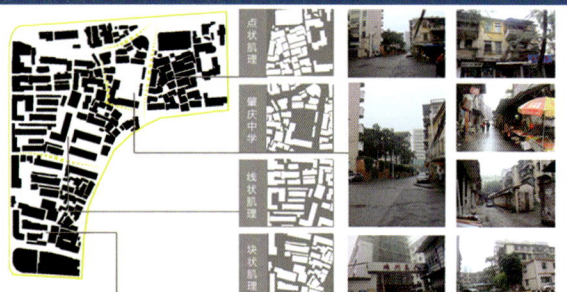
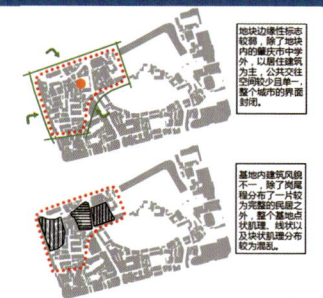
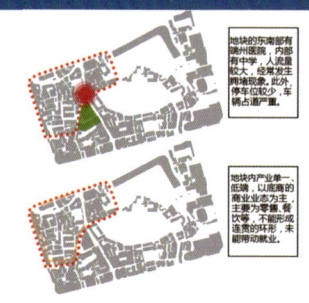

居住区片区位于整个基地的西侧，西邻人民中路，北接端州五路，与整个城市的联系较为便捷。可随着城市的发展，基础设施得不到及时的更新，内部产业较为单一低端，成为了老城区三旧改造的重点地段。通过景观环境的破旧、功能业态的凋零、交流空间以及传统文化的破旧，通过"以点成线、以线或面"的设计思路整活该地段，提高截取力，吸引主要人群。

[更新策略]

实施策略

1.1 人与基地

原住民、游客、地块内的工作者、老人儿童、商人等这些空间使用者的关系需要协调磨处，有各自的活动区域，减少相互干扰，同时对于可以共享的场地进行综合设计。

1.2 更新次序

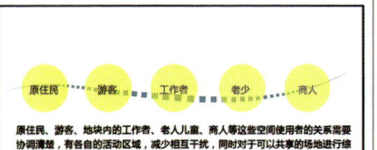

1.3 串联活力点

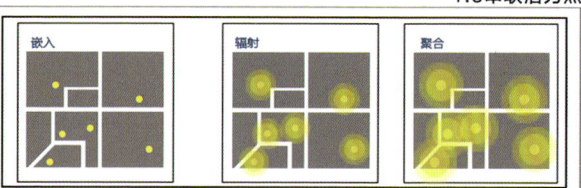

街道策略

2.1 车行街道

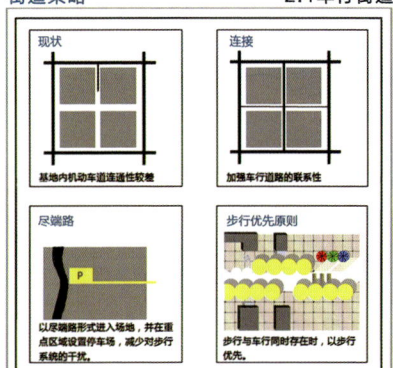

2.2 步行街道

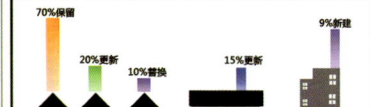

[分区平面图]

建筑策略

3.1 内部建筑评估

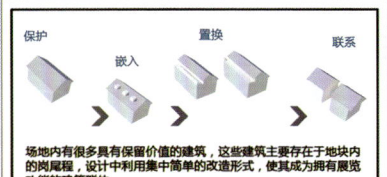

场地内有很多具有保留价值的建筑，这些建筑主要存在于地块内的岗尾巷，设计中利用集中简单的改造形式，使其成为拥有展览功能的建筑群体。

3.2 建筑改造

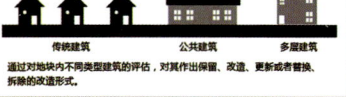

通过对地块内不同类型建筑的评估，对其作出保留、改造、更新或者替换、拆除的改造形式。

活力塑造策略

4.1 内部功能置换

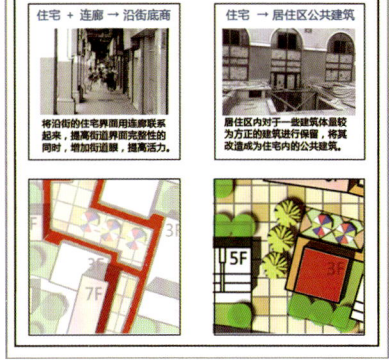

4.2 新功能嵌入

[岗尾程民俗展览馆设计]

现状分析

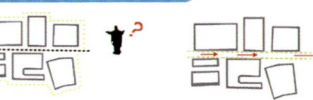
街道空间狭窄、形式单一　　街巷缺少公共活动空间　　旧建筑不满足居住要求

扩大交通空间、空间融合　　嵌入墙体、加入节点、提供交往空间　　嵌入展览功能、建筑功能由居住转为展示

现状分析

0.3M 坐　0.6M 倚　0.9M 廊　1.2M 靠　1.5M 望　1.8M 挡

在街道中引入墙体，既起到分隔空间，引导人流的作用；此外不同高度的墙体将引发不同的活动设定，当墙体较低时，人们可以闲坐休息，中等高度可供娱乐攀爬，较高时可作为游览路线引导的作用。同时，墙体，作为束城墙的缩影，在残驳的墙体上，人们可以找寻过去的记忆，与民俗展览馆一同展示岗尾的历史。

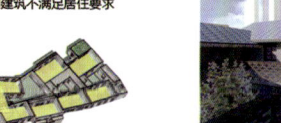
墙　建筑

墙插入建筑　墙与建筑组合

现状分析

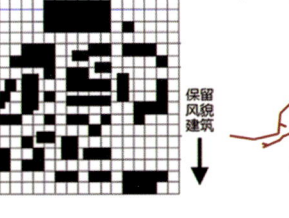
更新建筑　新建建筑　　次展览馆／民俗展览馆／临时展馆／景观展示馆／入口连廊／创意工坊展销馆

二层轴测图　空中步行体系
一层轴测图　一层步行体系
院落开放空间　入口广场

现状分析

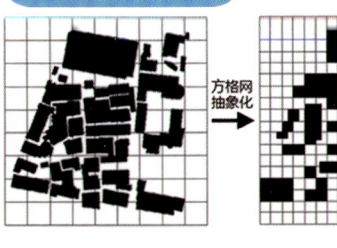
方格网抽象化／保留风貌建筑／嵌入新功能／植入开放空间／肌理叠加运算

青砖黛瓦的屋舍、宛转回旋的古道、幽深清澈的古井……在高楼林立的市中心，宝月台塘畔，坐落着一条拥有六百多年历史的文化古村落——岗尾程。古村渊源深远，保存有见证历史变迁的古井和牌匾等文物。它宛如一部精美的历史画卷，蕴含着丰富的文化气息，在闹市中无声地展现着深厚的历史文化底蕴。

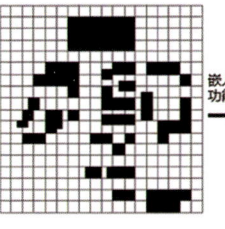
百年榕树　程氏宗祠　毓秀泉

面临消失的记忆

肇庆市第十中学的西侧有一条具有识别性的街巷，可是未来随着学校的扩建，熟悉的街巷面临消失的风险。

提取基因——"墙体"
在设计中，对街巷旁边的建筑墙体进行保留，在保留的青砖白墙中，人们可以找寻以前的回忆。

植入激活——"记忆墙"
将片段的建筑墙体连接起来，既可以作为学校用地的限定介质，同时，在墙体上可以嵌入一些旧物品、肇庆特色物件，作为文化历史展示墙。

[居住区活力塑造]

街头微电影　伫立
闲坐　街头微公园
喝茶　山墙"夹空间"

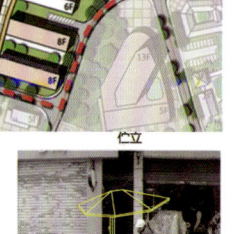

广东省肇庆市宝月台塘片区旧城更新城市设计 / 四校联合毕业设计

85

[重点地块详细设计——商业片区]

规划策略

整体规划策略

1. 定性：确定规划片区为整个规划基地北部的"活力点"和"透气区"。恢复商业活力，嵌入开敞休闲空间。
2. 定位：片区中部保留大片绿地作为开放空间以及南北动静分区的过渡带，缓解噪音以及人流压力，并提升景观品质。片区北部主体规划为商业、办公和休闲空间，并嵌入文化功能，带动地块活力；片区南部规划为图书馆群和妇幼保健院，体现基地原有风貌历史，并满足基地周边居民文化和医疗健康需求。
3. 新建 保留：考虑到地块内部建筑质量不高，失修，闲置，大部分重建，少量建筑保留进行改造，修复。
4. 环境 融合：改善地块内公园环境，重新整治，嵌入新的活动空间，保留地块内树木，不破坏原有园路，并与周边建筑和地块联系紧密。

温和扩容

充分利用空间三维属性，将容积率隐藏于直观空间感受范围之外，同时为地块提供大尺度设施和公共空间，为历史传承和地块再生创造前提条件。

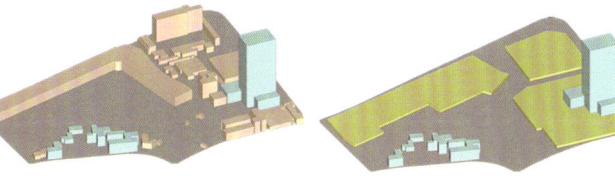

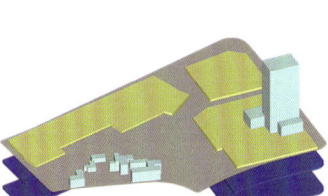
步骤1 需拆除建筑 保留老建筑
保持老建筑风貌，完善老建筑的公共功能，充分发挥其作用。

步骤2 加入底层平台
引入大尺度空间，补充和完善老建筑的公共功能。

步骤3 加入地下空间
利用地下空间，在地下一层布置商业，地下二层布置停车等辅助设施。

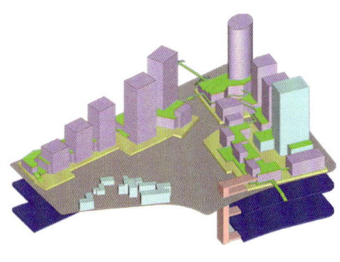
步骤4 建造新建筑
在底层平台上建造新建筑。

步骤5 添加新公共空间
充分利用台顶空间并架设空中走廊，为新的活动提供的场所。

步骤6 添加新路径
将地下层、地面层、平台层三个系统串联在一起，使系统充分发挥作用。

商业业态策略

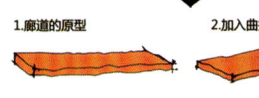

不同层次的商业服务设施
COMMERCIAL FACILITIES OF DIFFERENT LEVELS

1. 廊道的原型
以架空连廊为基础。

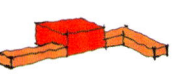
2. 加入曲折元素
加入曲折迂回的廊道形式，使步行更有趣味性。

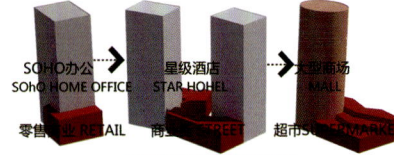
3. 加入起伏元素
加入起伏的错落感，使视线高度随行走而变化。

4. 加入节点空间
以观赏，休息和交流为主要功能的空间。

分区总平面图
分区鸟瞰图

动静分区分析

开放空间分析

连续界面分析

建筑高度分析

空间需求

组成人群	需求空间	空间再生
当地居民	良好的环境；方便的生活服务设施配套；文化生活的体验中心；良好的商业环境；身体和心情能够放松	提升基准面，增加服务设施；增加商业面积；提高绿化质量，提升区域品质
旅游人群	肇庆历史文化的展示；精神得以提升；特色商业购物空间	结合台顶空间、公园和历史文化元素布置旅游娱乐设施，体现城市文化特色
工作人群	互动交流的场所；方便的办公设施	大量的共享空间和流动空间，使创意者进行交流和互动；增添空间以适应产业变化

空间流线分析

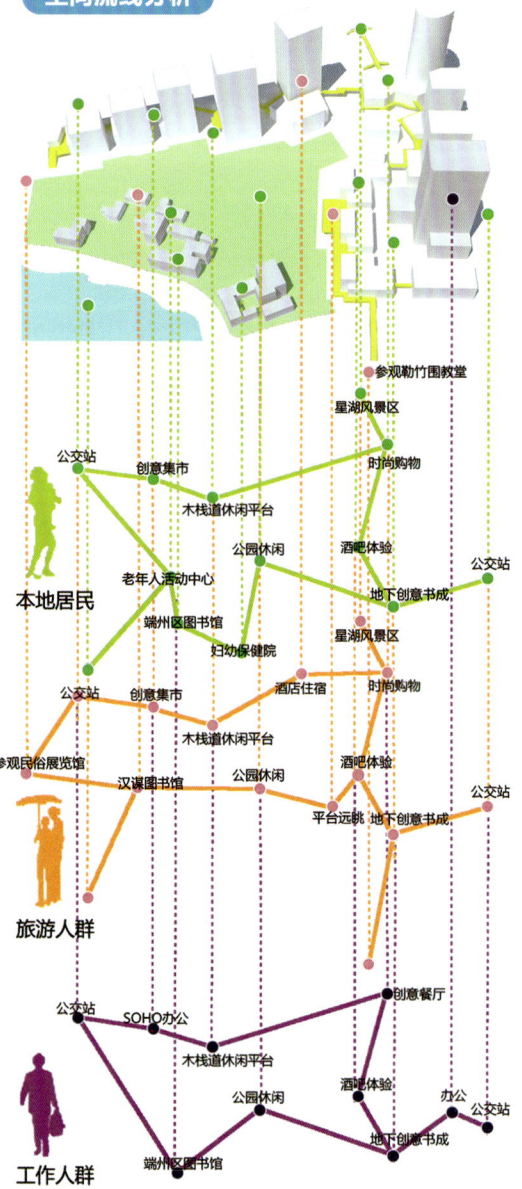

[重点地块设计——宝月湖片区]

基地问题分析

宝月湖岸线生硬，湖岸价值挖掘不够

沿湖建筑拥挤，景观无法渗透

建筑形式单一，文化支撑薄弱，急需提升地块品质

方案构思

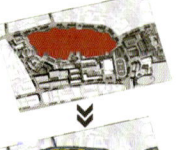

确定地块中最重要的影响因素——宝月湖文化核心

桃埋道路，将何香街改为步行道，并与周边建立步行联系，沿线提供景观空间

重点改造湖岸线和两个节点，以提升片区品质

以"一核一圈"带动"两点"，最后辐射至周边区域

分区总平面图

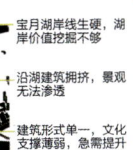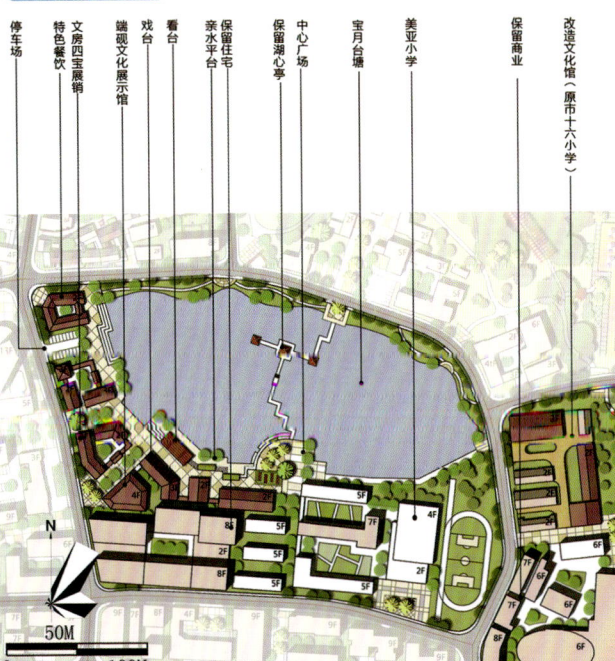

停车场 | 文房四宝展销 | 特色餐饮 | 端砚文化展示馆 | 戏台 | 看台 | 保留住宅 | 亲水平台 | 保留湖心亭 | 中心广场 | 宝月台塘 | 美亚小学 | 保留商业 | 改造文化馆（原市十六小学）

文化馆改造

文化馆总平面图

室内空间示意图

方案生成

保留小学建筑 → 对保留建筑进行改造 → 加建新建筑，满足其使用需求

立体交通联系步行，增强其趣味性 | 围合院落，嵌入院落绿地

功能流线分析

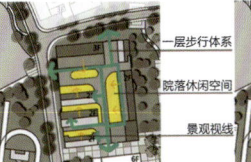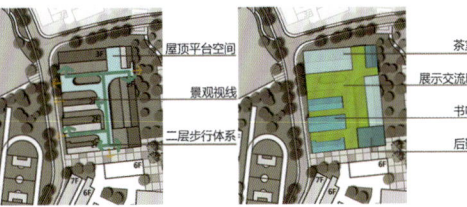

一层步行体系 | 屋顶平台空间 | 茶室
院落休闲空间 | 景观视线 | 展示交流区
景观视线 | | 书吧
| 二层步行体系 | 后勤

戏台单体设计

戏台总平面图

一层平面图

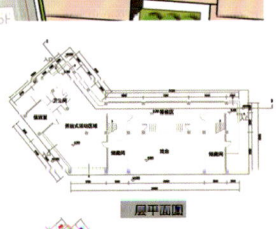

二层平面图

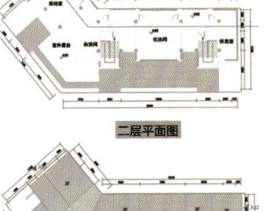

屋顶平面图

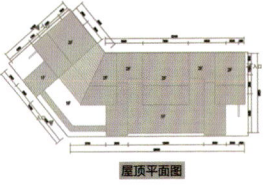

1-1剖面图

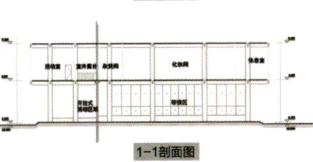

方案生成

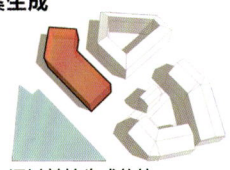

通过基地生成体块

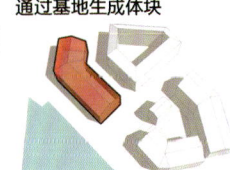

通过规划确立中式风格

通过加大坡度，使建筑更大面积朝向宝月湖

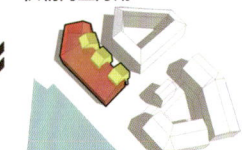

通过小体量穿插，来迎合庭院尺度

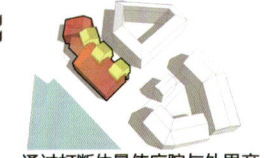

通过打断体量使庭院与外界产生交流

宝月湖岸线设计

现状岸线
现状岸线简单生硬，人无法参与其中，亲水性极弱。

规划岸线
通过对现状岸线的改造，丰富岸线，将整个宝月湖岸线分为四种，分别为亲水岸线、远眺岸线、临水观景岸线和自然景观岸线，既增强了亲水性，也增强了景观性，各种岸线的变化，增强了趣味性，为人们积极参与到宝月湖提供了可能。

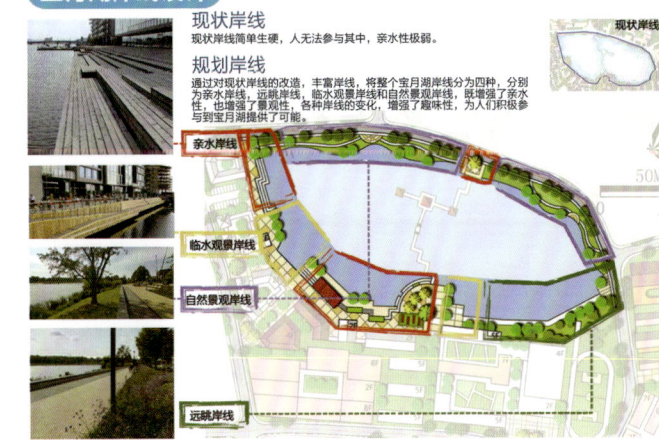

亲水岸线
临水观景岸线
自然景观岸线
远眺岸线

广东省肇庆市宝月台塘片区旧城更新城市设计
四校联合毕业设计

设计题目：城垣深处有人家
广东省肇庆市宝月台塘片区旧城更新城市设计

指导教师：周志仪
作　　者：陈陆洋　黎鸿　冉小刚
学　　校：南昌大学

区位分析

宏观区位——
广东省肇庆市位于广东省中部偏西，西江中下游，属于珠三角经济区范围，距广州90公里，是粤港澳往关系、云南等地的重要枢纽。

中观区位——
端州区，位于广东省中部偏西，西江中下游北岸，属于珠江三角洲经济区范围，是肇庆市政治、经济、文化中心。南临西江，北靠北岭山，东邻鼎湖山，西与高要市小湘镇接壤。

微观区位——
规划区位于端州中南部，东邻天宁北路，西邻人民中路，其中部分用地属于宋历史文化保护中的风貌协调区，是肇庆市"三旧"改造的重点区域。

设计说明：Design Orientation

基地位于肇庆市端州区宋城墙历史保护区地段，根据调研及前期资料的整理发现，基地环境质量较差，宝月湖生态恶化，出现活力不足等困境。本设计以有温度的设计为原则，城垣深处有人家为主线，分析基地的历史文化元素，唤起居民和游客的记忆，提升基地活力。本设计采用引垣入城的形式，呼应宋城墙，对原有传统建筑进行保留和改造，提高生活环境，增加公共交往空间。以人的行为作为出发点，打造"一核两心"三区协调，"三纵三横"区域联动的规划结构，有机渗透、纵深发展的前进模式，更好地提升基地活力和吸引力，满足旅游服务和公共服务设施功能。

历史沿革

城市发展脉络

1960年以前
军事要塞
城市规模缓慢扩大
但局限于城墙内部的发展

60末－70末
城市核心"膨胀"
突破城墙
以旧城为基点环状向外扩展

80初－90初
城市沿轴向外扩展
星湖东西两侧形成环湖布局趋势
原有形态完全打破，形成若干区块

90初－今
城市轴向团块状填充
用地布局状态开始显现，用地制约城市发展
城市跨西江进行用地和空间上的扩张

上位解读

《肇庆市城市总体规划（2012-2020）》

发展战略
端州区包括城东新区、城西智慧产业园和大冲门户枢纽地段，是整合端州、高要以及连接鼎湖的节点，纳入全市层面进行统筹协调。城东新区重点发展高端居住、商务商业以及新区高端服务，借此促进南部金渡－白土的工业发展和坑口－桂城的旅游业发展。大冲门户枢纽地段，作为端州区重点协调地区，以文化娱乐、商业服务为主。

城镇职能
端州为西部片区综合服务中心和生态休闲中心

《肇庆市端州城区旧城控制性详细规划》

功能定位
以岭南文化为主题的国家历史文化名城的重要载体；以特色商业服务为主导，金融商务服务发达的市域核心服务区；生活服务设施配套完善、居住环境优美的滨江宜居城

规划结构
本规划结构为"一心、三轴、四区"，其中：
"一心"——位于天宁路与宋城路交汇处的商业旅游服务中心，构成规划区乃至整个肇庆市的商业和旅游服务中心。
旅游业发展一——以天宁路为依托，依托、串联布局城市商业及旅游配套设施，为规划区及整个肇庆市提供综合服务配套。

SWOT

Strengths 优势
1.历史文化资源丰富——端州区是肇庆市市所在，基地位于端州区的中心地带，拥有良好的交通条件和地理区位，基地连接南北自然风景区和历史风景区。
2.周边条件良好——地段内保留大量历史有温度的邻里关系，历史文化建筑，为片区增添了丰富的吸引力，悠久的历史文化积淀赋予了片区传奇的文化色彩。

Weaknesses 劣势
1.空间基础薄弱，道路桥梁架设失——基地内地块种类多且复杂，相互间矛盾突出，基地内部路网不均，交通混乱，步行系统不连贯，停车设施不足，公共空间有富但使用不合理。
2.历史文化渐渐淡——肇庆城市化进程的推进，历史文化逐渐衰落，基地现状已被破损，古村古巷的空间肌理逐渐没落。基地缺乏活力，公共空间被隔离，使用率不高。

Opportunity 机遇
1.位于七星岩风景区与宋城墙历史文化保护区的过渡地段——基地位于城市中心区，也是连接自然风景和历史文化风景的过渡地段，南北两边有城市主干道经过，便利的交通条件为规划区的发展带来新的机遇。
2.基地周边商业、服务业态、公共空间较为活跃——基地周边有大型商业、业态活跃、天宁北路是城市主轴线，连接自然与历史景区，旅游业的发展为基地的经济发展带来新的机遇。

Threat 挑战
1.保护与开发的协调——历史文化元素的城市宝贵的记忆与财富，然而在今天随着城市化进程的加剧，如何协调文化保护与城市建设发展之间的关系成为新的挑战。
2.空间环境整治——良好的公共空间环境能提高生活品质的重要因素，绿化空间的分设也是提升空间品质的重要挑战之一。

古城墙

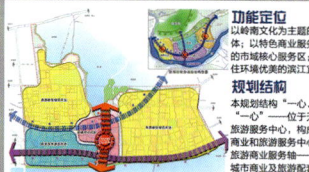

建筑特色——
清末民初开始流行与岭南城镇的骑楼建筑是肇庆地区的一大特色，成为近代广东建筑不可缺少的组成部分。锅耳屋是中国古代社会后期出现于岭南一带的民居建筑特色之一，以讲究地理风水和风俗观念为思想依据结合科学的规划布局都集中反映岭南建筑的主要特征与表现风格。因此，独特的外形建造、多样的艺术手法装饰等等的多方面内同都对现代探寻古代建筑历史文脉有着深厚的价值意义。

 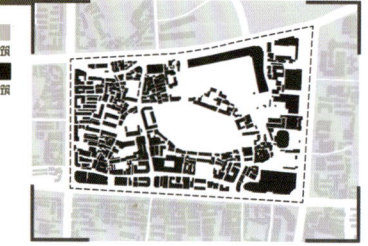

用地分析

商业办公用地
绿地
二类居住用地
三类居住用地
体育用地
学校用地

肌理分析

周边建筑
基地建筑

建筑质量分析

一类建筑
二类建筑
三类建筑

建筑层数分析

1-3层建筑
4-6层建筑
7-9层建筑
10-15层建筑

问题及对策

1. 文化断裂
基地内部文化要素丰富，但分布较为分散缺乏时间联系，无法形成有效的吸引。并且当地居民对于文化设施的关注度不高，文化氛围不强。

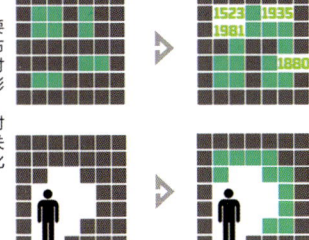

2. 无序拼贴
基地内部保留着部分传统民居，延续着传统肌理。而20世纪80到90年代基地内部过度开发，新建了大量现代建筑，没有与传统肌理相协调，甚至对原有空间肌理造成了破坏。

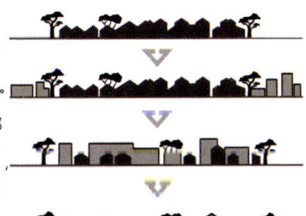

1. 资源整合
文化整合的重点是以空间载体和活动载体的打造为主。通过体验互动以及历史感知这样的手段来使单调的历史倾诉转变成多维的体验，让历史遗留下来的可触和可视的一些实物与场所之中的人产生共鸣。

2. 风貌协调
首先要对破败的传统民居加以修整，而对于新建建筑，将屋顶形式、立面造型、色彩材质等方面与传统民居相协调，加以过渡，并在建造过程中加入广府民居的特色。

3. 空间缺失
基地内部部分空间荒废，利用率低。开敞空间较为集中在宝月湖与宝月公园段，缺乏提供人们交流的小型开敞空间。

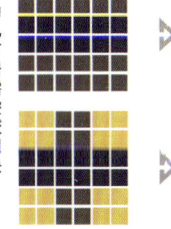

4. 活力匮乏
基地内部使用功能混杂，结构也不尽合理，现有功能满足不了居民日益增加的需求，致使整个空间活力不足，较为衰落，无法跟上周边地区的快速发展。

3. 空间置换
拆除部分不宜居建筑，进行细部改造，置换出邻里交往空间，增加公共路径，激发居民归属感，来提高人气。通过街巷空间、广场空间以及特色空间比如古树古井周边场所的塑造来制造偶遇。

4. 活力注入
引入特色功能，吸引活力群体，通过活力人群的引入刺激新的功能产生。以多样化的空间，包括文化，休闲，商业等来联系整个地块，激活地块活力。

访谈调查

对老房子的态度 / 最能代表端州历史特色的是 / 认为旧城最需要提升的方面 / 理想的肇庆生活状态

基地周边环境

商业
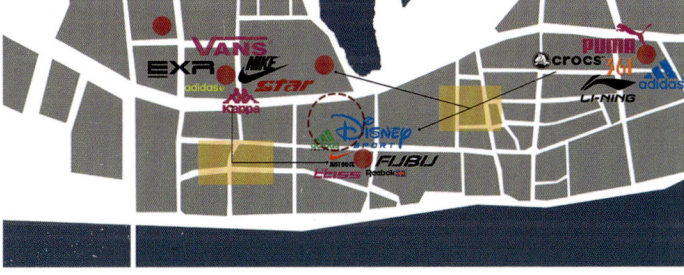

交通
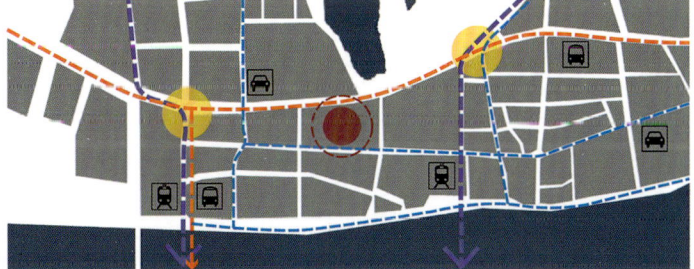

开放空间

基地内部分析

现状照片

1 好世界购物中心 2 传统民居 3 宝月湖 4 宝月公园 5 汉谟图书馆 6 箭竹围天主教堂 7 儿童公园

综合评价 / 城市格局

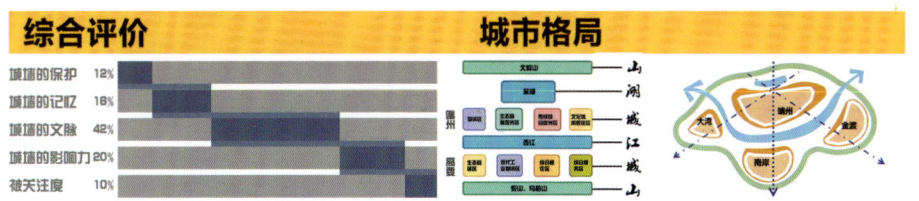

四校联合毕业设计
广东省肇庆市宝月台塘片区旧城更新城市设计

89

规划理念

水绿一体
将被建筑阻挡的宝月湖与可达性、利用率较差的室月公园进行重新整合梳理，真正形成城市的公共活动空间，向最广大的市民开放

时空缝合
注重对地区文化特征的提炼提升，强调地区历史文化遗存的保护利用，强调传统空间与对市文化的融合，塑造全新的人文特色区域

引垣入城
基地强调步行系统的塑造，引入步行廊道串联地块的多种文化休闲节点，创造亲切宜人的步行空间

引垣入城

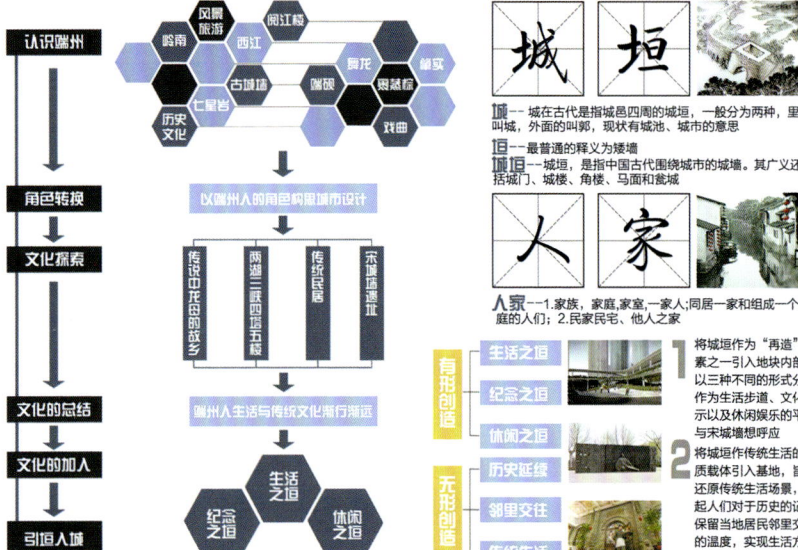

技术路线

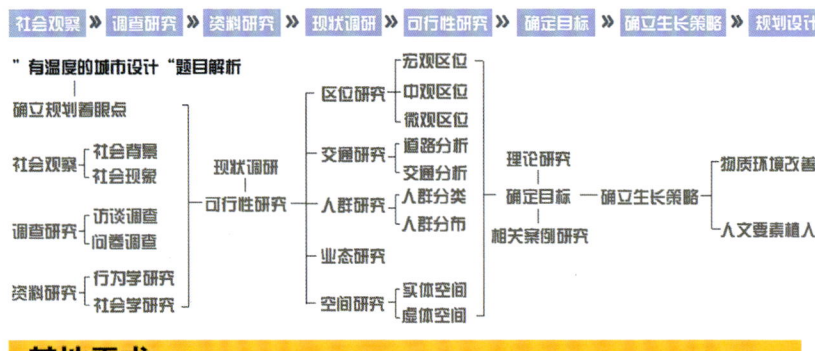

基地需求

    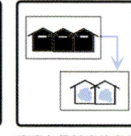

目标定位

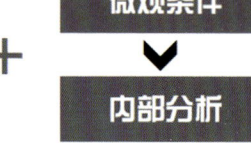
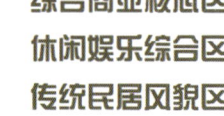
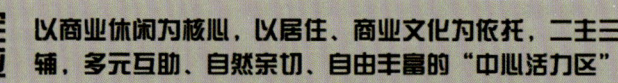
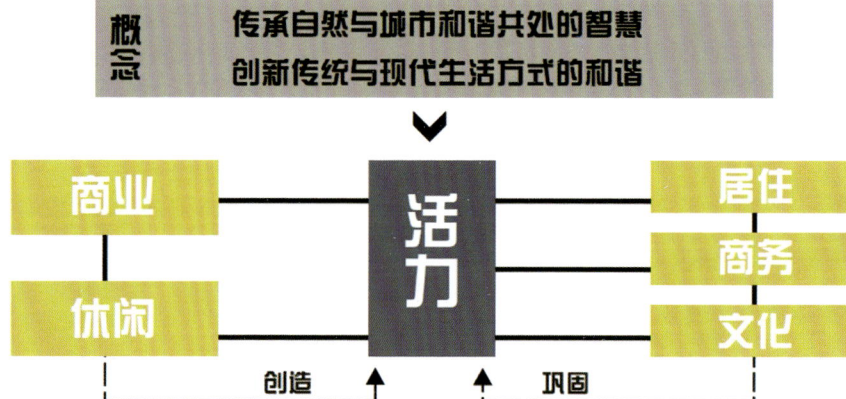

功能植入

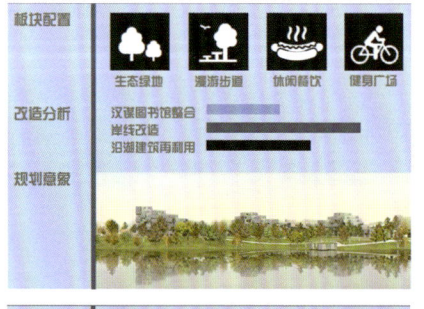

行为学分析

户外活动的三种类型

			物质环境质量	
			差	好
社会性活动	1	在公共空间中有赖于他人参与的各种活动	社会性活动	
自发性活动	2	只有人们有参与的意愿,并且在时间、地点可能的情况下才会发生	自发性活动	
必要性活动	3	人们在不同程度上都参与的所有活动	必要性活动	

三种活动包含的部分活动内容

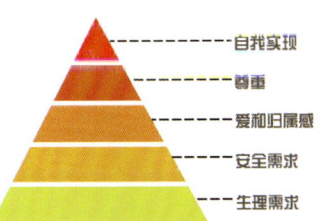

户外空间质量与活动发生的相关模式图

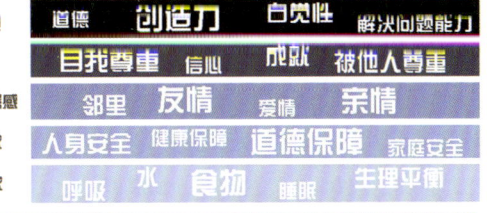

分析：
必要性活动的发生很少受物质构成的影响，然而当户外环境质量好时，自发性活动的频率明显增加，与此同时，随着自发性活动水平的提高，社会活动的频率也会稳定增长

邻里关系发展 / 个体心理发展

孤独 → 互不相识 → 防范意识 → 自主活动

相识 → 相交 → 相知

孤独 → 自我封闭 → 相交 → 归属感

更新策略

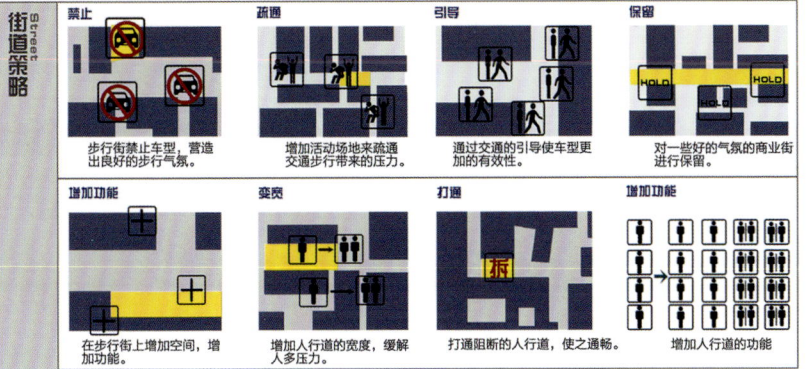

建筑策略 Architecture

拆除 / 增加 / 重组 / 置换 / 产生交融空间

对临建建筑进行拆除，整理出院落群，使居住者环境质量变高 / 对不完整的院落增加建筑使院落完整，营造出完整院落生活 / 对属性混乱的建筑重组成新院落形式，使新旧更新延续 / 功能进行置换，符合现代化的生活，保证了生活的延续

交往空间塑造

关于归属感的探讨
道路尺度优化
建筑尺度优化
建筑高度尺度优化

关于自我实现的探讨
服务设施尺度优化
情感尺度优化
活力度优化

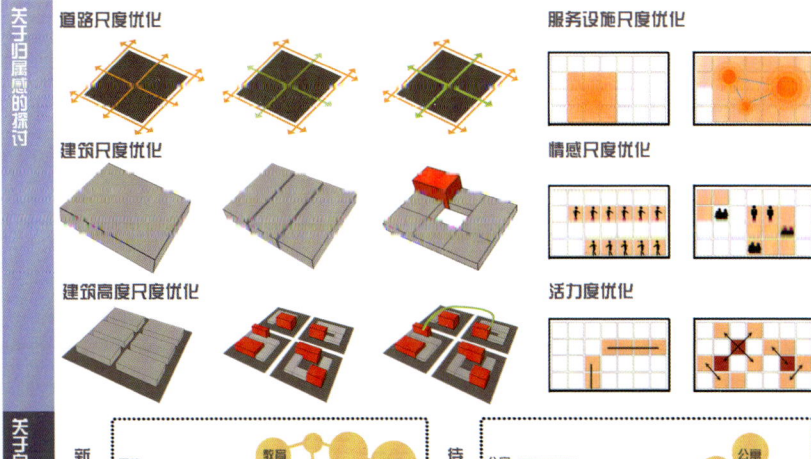

新植入功能 / 待完善功能

生长阶段

 承受：在外部出现某些变化时，由于现有的城市系统本身已经留有余地，可以承受一定程度的变化，趋于稳定的要素在变化中发挥抵抗作用，延续历史场所记忆

 调整：城市中趋于变化的要素在变化中发挥适当的作用，通过自身调整适应新的城市需求，进而延续城市的生命力

 再造：城市有能力再造新的活力元素，在新的外部条件下继续发展

空间生成

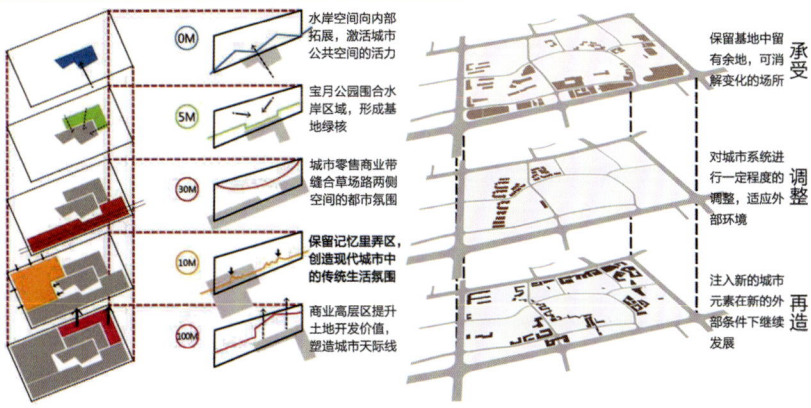

广东省肇庆市宝月台塘片区旧城更新城市设计 / 四校联合毕业设计

规划分析

用地分析

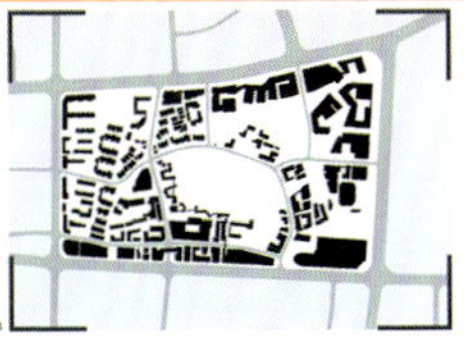

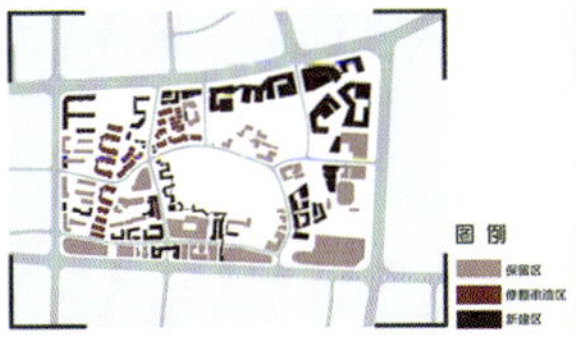

更新方式分析 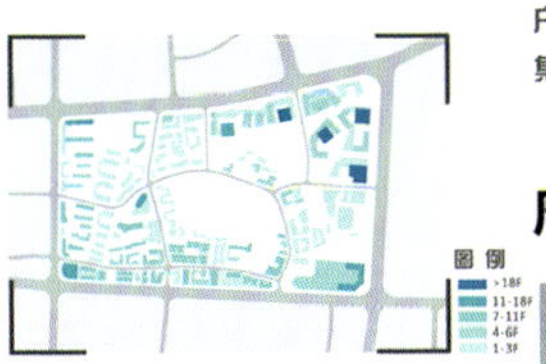　建筑高度分析

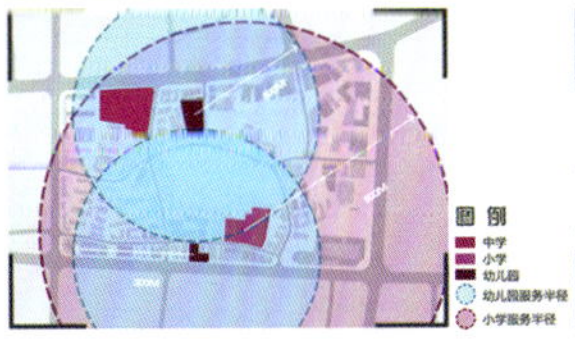

公共服务设施分析 　景观系统分析

开发强度分析 　风貌控制分析

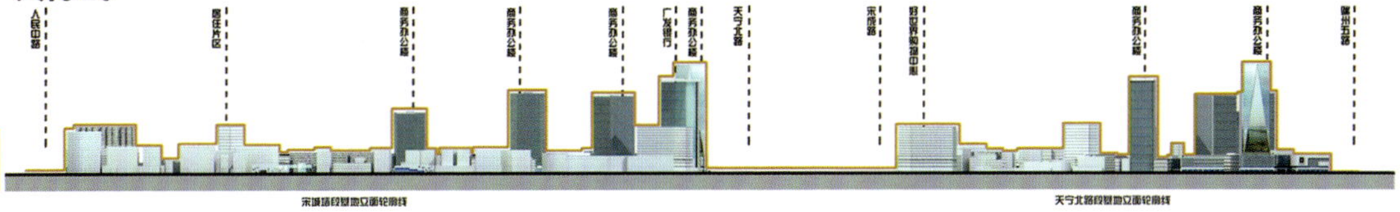

活动策划

环湖游园之旅
角色：周边居民

8:00——宝月站下车
8:30——宝月公园游览
9:00——去宝月湖
9:30——湖边咖啡厅休憩
10:30——城墙纪念游览
11:00——废水休闲
11:30——吧吧
12:30——乘公交回家

历史记忆之旅
角色：各地游客

8:00——人民市场站下车
8:30——宋城墙游览
9:00——城墙纪念游览
9:30——观看表演
10:30——湖边咖啡厅休憩
11:30——翰谋图书馆参观
12:00——勤行国教堂参观
12:30——乘公交回家

生活特色之旅
角色：肇庆市民

8:00——宝月公园站下车
9:00——大型商场购物
10:00——厂家银行业务办理
11:00——牙世界购物中心
12:00——特色小店午餐
13:00——文化艺术区购物
14:00——零售商铺购物
12:30——乘公交回家

功能布局

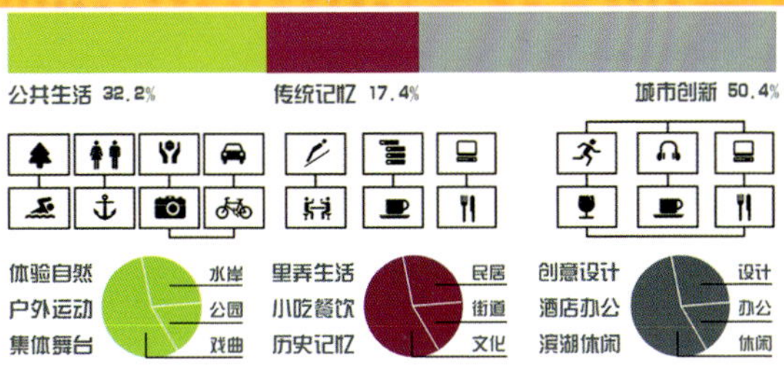

公共生活 32.2%　传统记忆 17.4%　城市创新 50.4%

体验自然　水岸　里弄生活　民居　创意设计　设计
户外运动　公园　小吃餐饮　街道　酒店办公　办公
集体舞台　戏曲　历史记忆　文化　滨湖休闲　休闲

周边人群行为分析

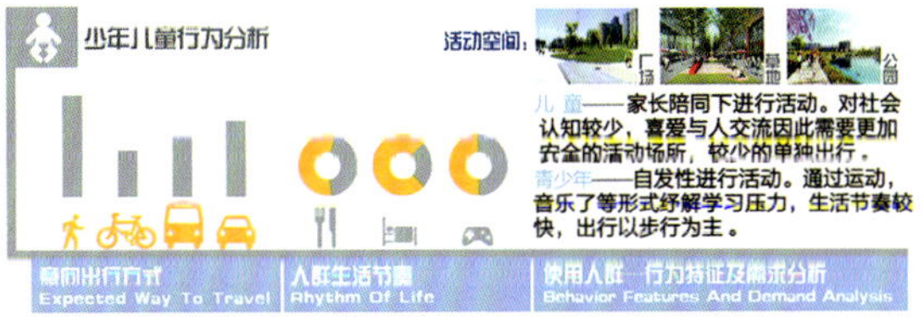

少年儿童行为分析　活动空间

儿童——家长陪同下进行活动。对社会认知较少，喜爱与人交流因此需要更加安全的活动场所，较小的单独出行。
青少年——自发性进行活动。通过运动、音乐了等形式纾解学习压力，生活节奏较快，出行以步行为主。

倾向出行方式 Expected Way To Travel　人群生活节奏 Rhythm Of Life　使用人群-行为特征及需求分析 Behavior Features And Demand Analysis

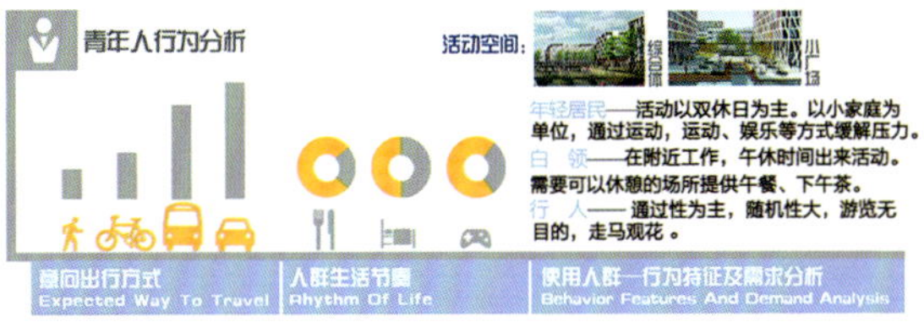

青年人行为分析　活动空间

年轻居民——活动以双休日为主。以小家庭为单位，通过运动、运动、娱乐等方式缓解压力。需要可以休息的场所提供午餐、下午茶。
行人——通过性为主，随机性大，游览无目的，走马观花。

倾向出行方式 Expected Way To Travel　人群生活节奏 Rhythm Of Life　使用人群-行为特征及需求分析 Behavior Features And Demand Analysis

中、老年人行为分析　活动空间

中年人——成熟稳重、独立思考。对生活质量要求较高，希望有较好的生活环境，需以特定的方式完成人群诉求。
老年人——群体性活动，运动量小。对安全性要求高，柔性空间需求量大。每日出行时间较早，持续时间长。

倾向出行方式 Expected Way To Travel　人群生活节奏 Rhythm Of Life　使用人群-行为特征及需求分析 Behavior Features And Demand Analysis

前后对比

居住用地　38.4%-25.6%
公共服务设施用地　16.2%-21.4%
商业服务设施用地　27.6%-30.5%
绿地与广场用地　11.7%-13.4%

设计指导原则

人文：结合地块内大量人文要素开发游览休闲和展示空间，作为唤起历史情感延续历史记忆的重要载体，迎合旅游型定位
民居改造：拆除没有价值或风貌影响较大的民居，对剩余民居进行定向性改造
商业：沿天宁北路设置大型商业，强化城市主街，内街外街以及沿湖分别设置不同功能的商业空间，宋城路沿线以城墙特色为立面的控制导则
绿化：结合人文要素，古树古井并设置绿化区，作为"呼吸空间"协调周边活动

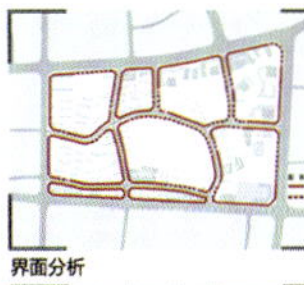

界面分析 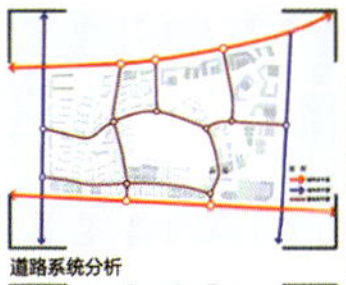　道路系统分析 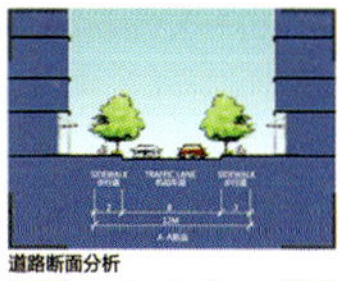　道路断面分析

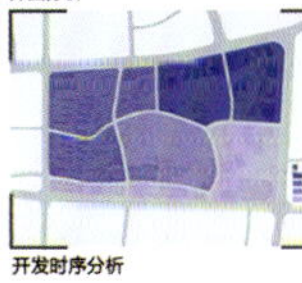

开发时序分析 　停车分析 　人性系统分析

天际线

宋城墙竖向立面轮廓线

天宁北路竖向立面轮廓线

鸟瞰图

四校联合毕业设计
广东省肇庆市宝月台塘片区旧城更新城市设计

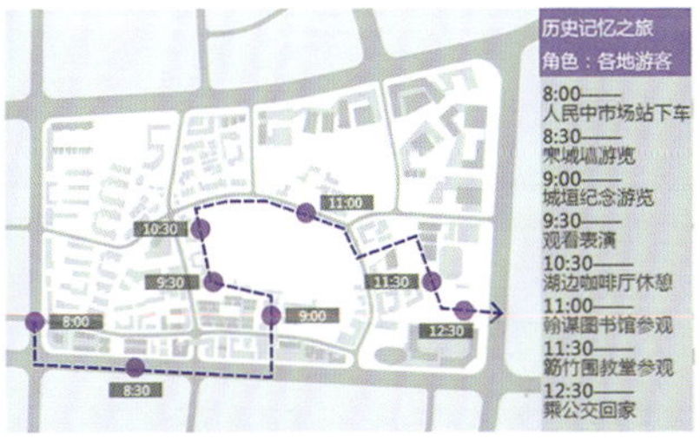

文化休闲片区分析

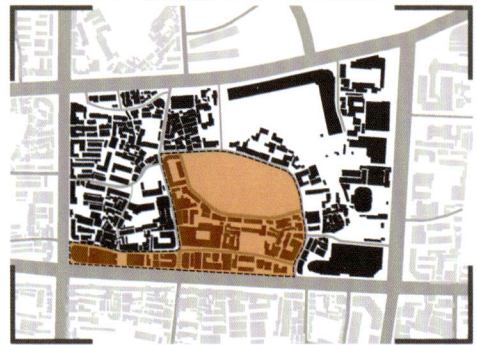

地块位于基地中部,包含宝月湖、沿湖建筑群以及宋城路沿线商住建筑。此地块是整个基地的设计重点,针对目前老城区开放空间匮乏以及内外圈商业在功能上相对独立的问题,采用逐点改造,功能融合的手段提高街区活力,吸引人群。

现状问题

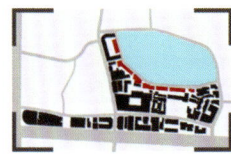 
宝月湖被周住建筑包围,景观视线被遮挡,无法实现渗透。

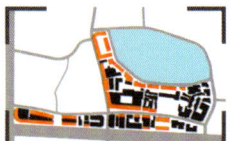 
沿湖商业价值高,但沿湖底商业态零散,没有与宋城路沿线零售商业整合协调。

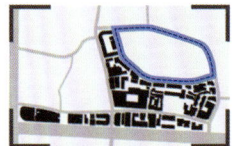 
宝月湖岸线形式单一,参与性差,亲水设计缺乏。

分区平面图

更新策略

 建筑改造策略 RENOVATION
宝月湖周边存在大量拥堵的居住建筑,通过拆除阻碍视线的建筑,引入特色商业业态并与"城垣"的功能相结合,在保留原有格局与记忆的前提下使湖景有效渗透。

 记忆拼贴策略 COLLECTION
基地紧邻宋城墙,历史文化氛围十分浓厚,但人们对于宋城墙的历史记忆相对淡薄。采用记忆拼贴策略,将城墙的代表性要素移植到滨湖沿线,赋予多种功能,提供整体时空感受。

环境修复策略 RESTORATION
恢复宝月湖的自然景观,改造岸线,将原有人工垂直岸线部分改造为自然岸线,增加亲水设施。拆除将湖面一分为二的廊道,恢复水生陆生物种并提供娱乐功能。

公共活化策略 PUBLIC BEHAVIOR
依据滨湖的商业设置,通过文化与民俗元素的加入,为居民和游客提供公共生活内容,将包括戏曲社、剧场等公共活动注入其中,彻底激活滨湖,还其于最广大市民。

详细设计

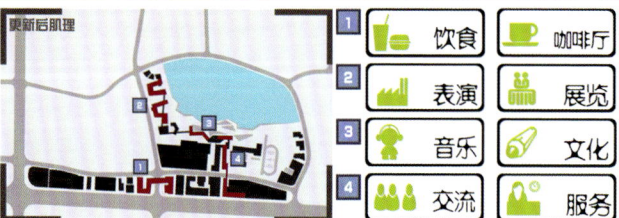

1 饮食　　咖啡厅
2 表演　　展览
3 音乐　　文化
4 交流　　服务

业态调整

商铺业态组合形式

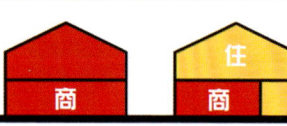    

  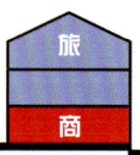  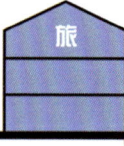 

引"垣"入城

中国古代的城垣,主要由墙体、女儿墙、垛口、城楼、角楼、城门和瓮城等部分构成,是作为抵御外侵防御性的建筑。在新时期,古城墙已经成为一个城市的历史和记忆,是一个城市不可或缺的文化组成部分。将"城垣"引入,赋予其新的功能,使之作为市民生活的公共空间,引入的不仅是一段记忆,更是一种生活。

 元素提取  青砖 箭垛   尺度调整 古 今 8-11m 5-7m  功能置换 城门通道 交往空间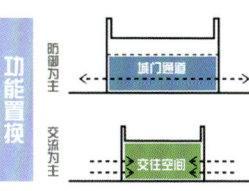

生活之垣 通过两个节点与宋城墙相呼应,同时作为人流的引入点

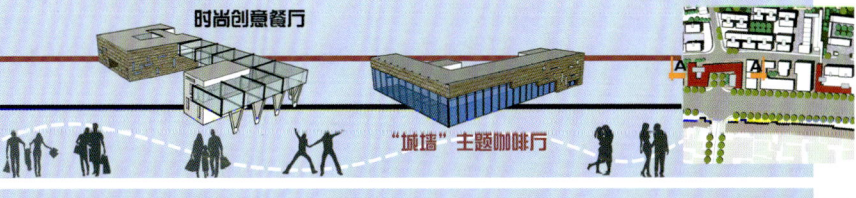 时尚创意餐厅 "城墙"主题咖啡厅

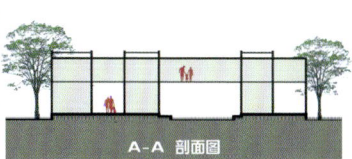 A-A 剖面图

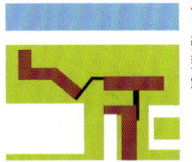

休闲之垣 引入的人群通过廊道体系,逐渐过渡到宝月湖边,有良好的空间体验

 文化长廊 水岸休闲吧

 B-B 剖面图

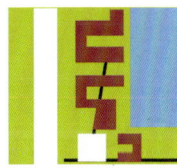

纪念之垣 带有展览性质的垣与湖景结合,丰富了人的视觉感受和空间感

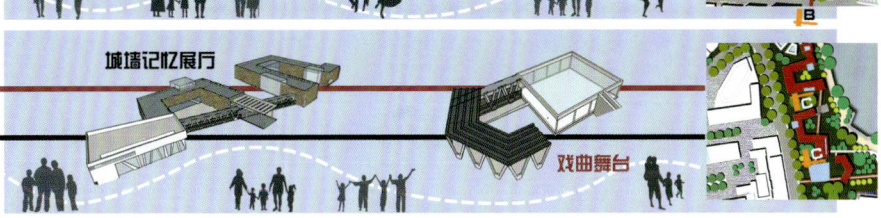 城墙记忆展厅 戏曲舞台

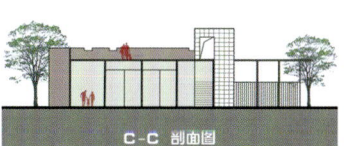 C-C 剖面图

四校联合毕业设计
广东省肇庆市宝月台塘片区旧城更新城市设计

驳岸设计

岸线断面形式

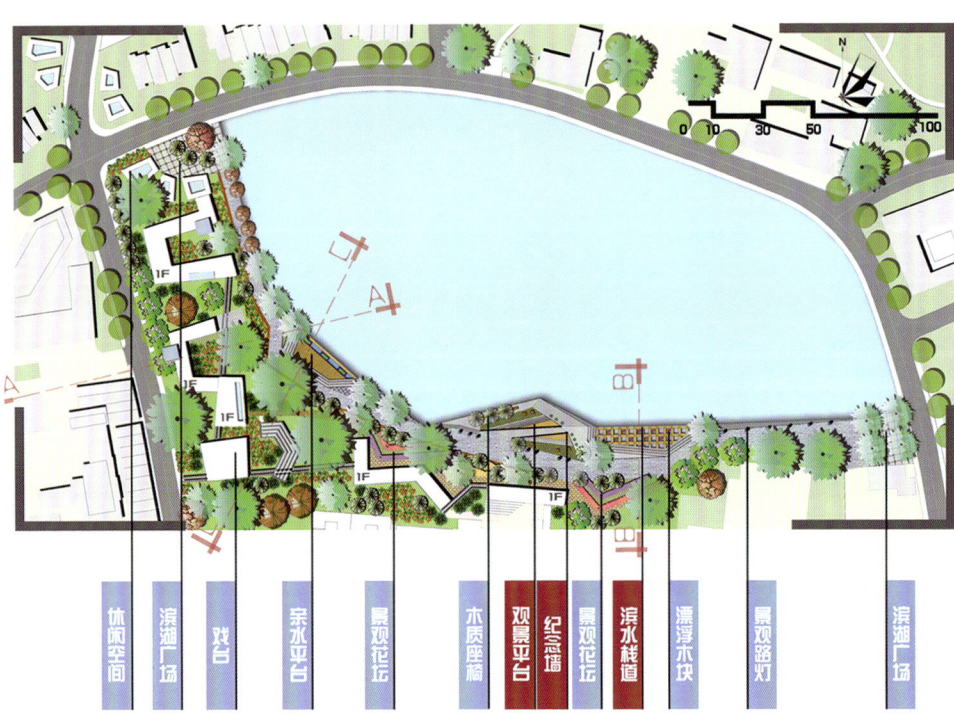
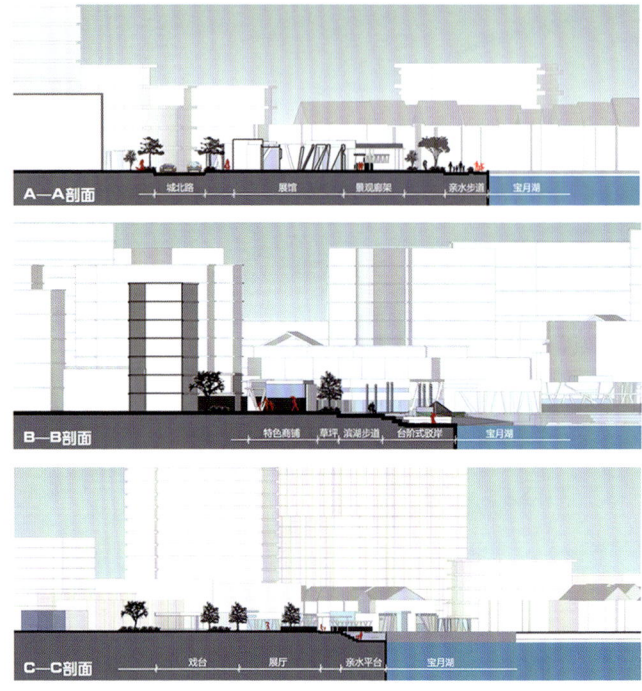

创意居住片区分析

更新策略

- 建筑改造策略 RENOVATION
- 环境修复策略 RESTORATION
- 记忆拼贴策略 COLLECTION
- 公共活化策略 PUBLIC BEHAVID

地块存在大量传统民居，考虑到建筑质量和年代较差，采取加固、修缮等措施对保留建筑加以保护。大部分建筑予以改造，保留原有基础上，打造环境更加优质的住区。

地块原有肌理较为凌乱，建筑密度大，对于居住在此的居民无法满足对于环境的要求，拆除部分建筑，加建绿地，增加地块的生态元素。

居住部分的设计最能体现城市设计的温度，对于肌理的保留是对居民原有生活记忆的延续，因此居住地块的改造以保留空间为主，将传统记忆与现代生活相融合。

在拆除建筑后空出来的公共空间中增设公共场地，设置公共活动，增加居民之间的交流空间，围绕古树古井增加公共生活的乐趣，增加地块活力。

居住建筑商业化改造

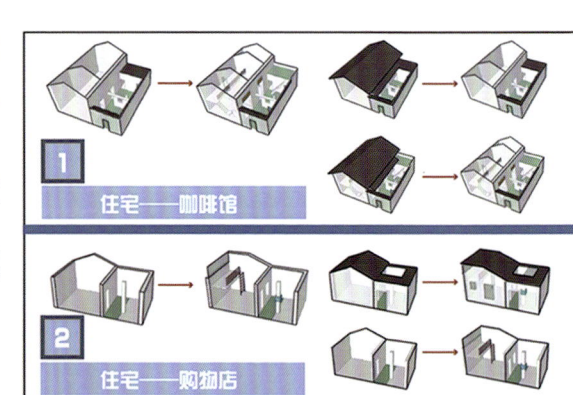

1 住宅——咖啡馆

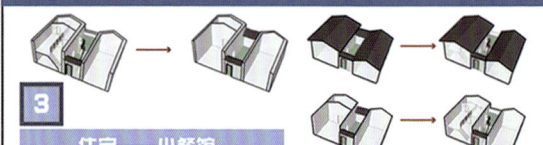

2 住宅——购物店

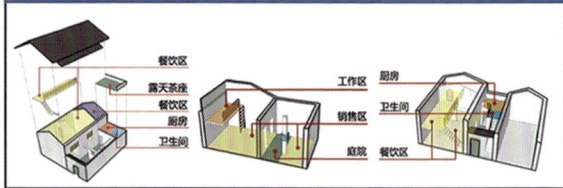

3 住宅——小餐馆

现状问题

1 传统民居虽保有原有肌理，但整体质量较差，风貌急需整治。

2 20世纪八九十年代新建的大量板式楼房，破坏传统肌理，过渡生硬。

详细设计

更新后肌理

重点地块设计

片区平面图

1. 景观路灯
2. 组团休闲空间
3. 羽毛球场
4. 改造多功能栈道
5. 改造多功能平台
6. 景观路灯
7. 公共休闲空间
8. 古树
9. 古井
10. 休闲花架
11. 休闲空间

民居改造户型

户型一 / 户型二

交流平台改造

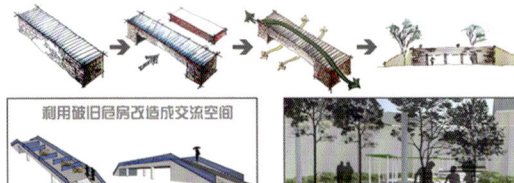

利用破旧危房改造成交流空间

增加休闲花架促进邻里交往

综合商务片区分析

详细设计

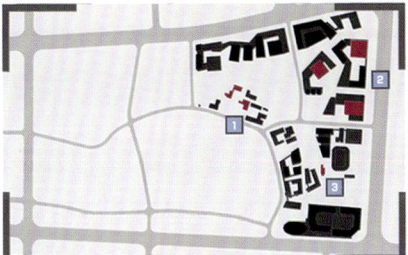

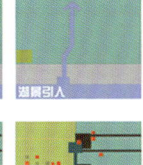
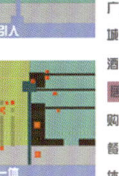

汉谋图书馆作为宝月湖与宝月公园之间的重要节点，除本身的人文价值之外还承担了景观联系、吸引人流的任务。采取打通围墙，形成视线通廊的手法，达到节点的作用。

现状 / 远景引人 / 公园植入 / 绿化拓展 / 水绿一体

商业部分的塑造强调空间的导向性，沿宁天北路的商业建筑注重表达线率。界面完整，以强调天宁北路这条商业主轴。内部流线清晰有序，通过界面围合将人流引导到勒竹围天主教堂，拆除教堂旁杂乱建筑，置换出广场设置礼拜等活动。

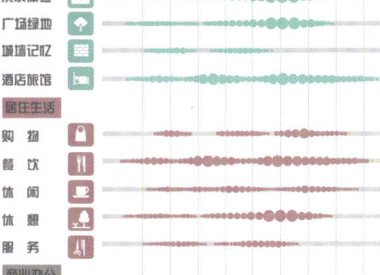

人的需求

文化娱乐 / 文化活动 / 滨水体验 / 广场绿地 / 城墙记忆 / 酒店旅馆

居住生活 / 购物 / 餐饮 / 休闲 / 休憩 / 服务

商业办公 / 会议 / 办公

现状问题

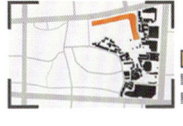

皇朝大酒店体量过大，对宝月湖与星湖之间的景观视线形成阻碍。

勒竹围天主教堂夹杂在民居中，并且有围墙阻隔，游览胜差。

重点地块设计

1. 宝月广场
2. 绿带花池
3. 花语栅
4. 疏散广场
5. 休闲花架
6. 商业休憩空间
7. 娱乐平台
8. 木座椅
9. 景观喷泉
10. 树阵广场
11. 商业入口广场

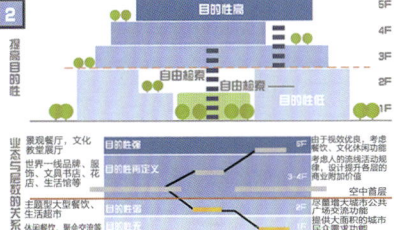

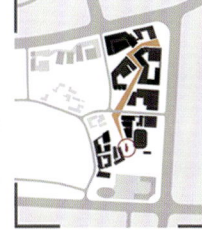

1. 商业入口广场
2. 宝月广场
3. 商业转角空间

功能植入

一天/one day

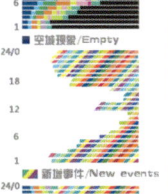

空城预警/Empty

功能植入 / 滨水休闲功能 / 引人功能

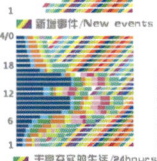

新城事件/New events

生活之都

丰富开放的生活/24hours life

多元机能空间

文化 / 事件 / 生活

教师感言

漆 平

　　学生们刚入校时稚嫩的目光恍如昨日，转眼就该带他们的毕业设计了。每到新年初，联合毕业设计不知怎的，成了我的期盼。老友重逢的笑语，学生期许的笑颜，各站奔波的劳顿，一幕幕的场景总是留下美好的回忆。各位老师默契的工作使得联合毕业设计能如此顺利，广东省规院领导和规划师不遗余力的支持让师生感受到了温暖，同学们的聪慧和勤奋换来的成果成为了最亮丽的色彩。毕业设计是学生漫长人生中的一步，但愿能帮助他们的专业学习迈上一个台阶，但愿今天的相逢能留在明天回首的目光。

赵 炜

当包公率领百姓在端州宋城凿下七眼甘井之时，大概不会想到，千年之后的旧城更新规划中，城规专业的本科毕业生斗胆提出了"七星商务区"之类的畅想。包拯老爷案断得清，井穿得妙，俨然是一大"通才"。但若让他来抉择并实施同学们的规划方案，想必老人家的脸还会黑上几倍——断案穿井都易，规划方案的评价、决策和操作难。

实战当中的规划方案不是个人的作品，不是印刷出来就可见高下的。无论是包治百病的良方，或是饱受诟病的罪羊，最终只能是实施后由历史来做出评价。毕业设计的成果，在答辩之时，主要表达同学们的专业素养，由评委老师做出判断。存到图档室之后，反映的则是学校专业培养水平，由教学专家进行评估。清晰地制订计划，按计划有序地实施，按规则公正评价，能够引导同学们规范、严谨地表达思想；来自不同背景的校际、校企联合导师组，形成了很好的研讨环境，给同学们提供了多元的养分，足以激发兴趣，挖掘潜能，取得进步。

联合毕业设计主旨在合作，但首次尝试不同等级的设奖，也明确宣示了竞赛的内涵：促使整体质量的提升，以及设计灵感的涌现。竞赛挑战之下的种种困难可想而知，结果揭晓之时的潸然泪下令人难忘，期盼来年再次同台竞技！三年来的联合毕业设计，在探索中不断前行，于我刚满十年的教师生涯是一笔宝贵的财富。由衷感谢鼎力支持和引领大家前行的前辈们，彼此默契、共同努力的同仁们，以及在这个春夏挥洒青春的同学们！